智能制造与3D打印

主编 姚 炜 刘培超 陶 金

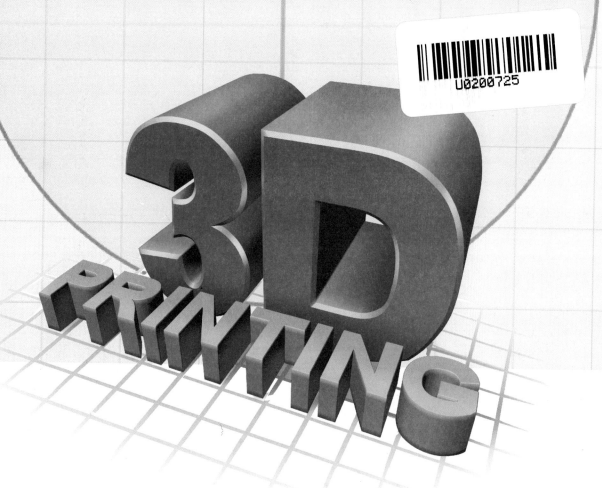

苏州大学出版社
Soochow University Press

图书在版编目(CIP)数据

智能制造与 3D 打印 / 姚炜,刘培超,陶金主编. ——
苏州:苏州大学出版社,2018.10 (2020.6重印)
ISBN 978-7-5672-2614-2

Ⅰ.①智… Ⅱ.①姚…②刘…③陶… Ⅲ.①立体印
刷—印刷术 Ⅳ.①TS853

中国版本图书馆 CIP 数据核字(2018)第 216378 号

智能制造与 3D 打印

姚 炜 刘培超 陶 金 主编

责任编辑 徐 来

助理编辑 成 恳

苏州大学出版社出版发行
(地址:苏州市十梓街 1 号 邮编:215006)
龙口市新华林文化发展有限公司
(山东省烟台市龙口市高新技术产业园区(通海路与石黄公路交汇处路西))

开本 889 mm×1 194 mm 1/16 印张 8.75 字数 160 千
2018 年 10 月第 1 版 2020 年 6 月第 4 次印刷
ISBN 978-7-5672-2614-2 定价:46.00 元

苏州大学版图书若有印装错误,本社负责调换
苏州大学出版社营销部 电话:0512-67481020
苏州大学出版社网址 http://www.sudapress.com

编 委 会

前　言

每一次工业革命都给人类文明带来了巨大的改变。作为开启"第四次工业革命"序幕的 3D 打印技术，自研发推广以来，就被认为是可以改变甚至颠覆传统制造业的技术，这项技术进一步推动了工业制造从"制造"到"智造"的转变。如今，3D 打印技术应用领域广泛、发展势头迅猛，也带来了相关行业的快速发展以及相关职业选择的多元化。

随着智能制造成为新一轮工业革命的核心技术，"智能制造"成为当代最热词汇之一。中国要想实现从制造大国到制造强国的转变，需要将培养人才的目标由单一的信息型人才、技术技能型人才向知识技能复合型人才转型，因此，单学科学习向交叉学科学习转型将成为教育发展的新要求。

本教材由圣陶教育与越疆科技共同研发，全书共 8 课，以培养与 3D 打印技术相关联的创新型人才为目标，从"树立梦想""探索梦想""体验梦想""规划梦想"的课程体系出发，形成未来生涯类课程教学模型，期望能够让学生跟随课程，在理解工作原理及学科知识的基础上，完成职业活动体验、探索未来职业规划。同时，我们希望学生通过对本教材的学习与实践，能够激发自己对某一领域或行业的兴趣，挖掘自身的特长与天赋，明确自己的学习和发展方向，让学生在学习中体会到成长的乐趣，缩短现实与梦想的距离，成就更美好的明天。

因编者水平有限，教材中难免存在一些错漏之处，敬请读者批评指正。

目　　录

第一课 ▶ 3D 时尚设计师

课程引言

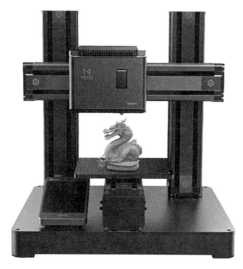

3D 打印机

千挑万选订购的组装式桌椅终于到了，我们满怀期待地开始组装桌椅，假如组装到最后一步，我们发现缺少一枚螺丝钉，无法组装出完整的桌椅，会不会非常郁闷？此时如果要求卖家重新邮寄合适的螺丝钉，我们只能再苦苦等待几天。但若能够利用计算机及 3D 打印机制作出需要的螺丝钉，结果会怎样呢？如果我们可以顺利地组装出想要的桌椅，是不是非常方便？大家可以想象一下，在未来，人们可以直接设计并制作出日常生活中所需要的创意物品，这样的世界是不是很值得期待呢？现在，3D 打印机便可以将这样的梦想变为现实。

3D 打印机可以根据人们设计的立体模型，制作出富有创意的物品。通过学习本课程，我们将了解并熟悉 3D 设计应用程序，利用 3D 设计应用程序，设计并制作出富有创意的作品。

课程目标

学习 3D 建模软件操作。

借助 3D 建模软件，设计并制作物体。

体验 3D 时尚设计师的工作，制定自己的职业规划。

树立梦想

场景导入 1　引领未来的 3D 打印设计师

3D 打印跑车

日本大发公司的汽车专家与设计师根津孝太、3D 建模艺术家孙俊杰合作，采用 ASA 热塑性塑料，利用 3D 打印机打造出 15 种汽车"效果外观"和 10 种不同颜色的复杂设计模型。

消费者可以自行调整设计参数，实现"一次性"定制专属自己的敞篷跑车，是不是超级酷？

外观美观固然重要，利用 ASA 热塑性塑料打造的 3D 打印汽车的"效果外观"还具备坚固耐用、防紫外线等优势，而且这项高品质的大工程耗时之短也令人惊叹！

大发公司产品规划部门总经理 Osamu Fujishita 表示，类似的"效果外观"按照传统的方法需要 2～3 个月才能制造完成，而使用 3D 打印技术 2 个星期就能竣工。

设计师根津孝太、3D 建模艺术家孙俊杰的合作也非常愉快，他们说："应用工程师不但在整个开发过程中为我们提供专业建议，还与我们共同探讨设计理念，使工作开展得更加顺利，直到实现最终目标。"

Osamu Fujishita 说："大发相信 3D 打印技术实现的按需生产能够为我们带来更多竞争优势。我们将继续合作，借助这种个性化的塑料汽车部件扩大市场份额。"

2017 年，全球知名的研究和咨询公司 Gartner 发布了 3D 打印行业的预测报告。该报告指出，2018 年的 3D 打印行业将会有不错的发展。预计到 2020 年，10%的工业运营商将把机器人技术、3D 打印技术整合到他们的制造业流程中；在医疗领域，30%的内部医疗植入物和设备将是 3D 打印的；各行业产品生产时间将因 3D 打印技术的应用减少 25%，全球 75%的制造业务将整合 3D 打印工具用于生产成品。

3D 打印技术已经在医疗、设计等多个领域被广泛应用。在医疗领域，利用 3D 打印技术能够为患者量身定做出符合其需求的义肢或假牙。在设计领域同样如此，利用 3D 打印机提前制作样品，能够更快发现产品中存在的问题。3D 打印技术正在越来越多的领域大放异彩。同时，3D 打印技术所使用的材料范围也在逐步扩大，纸张、橡胶、金属等目前都可作为 3D 打印材料。3D 打印机被人们称为"圣诞老人机器"，由此可见，未来 3D 打印材料的种类将更丰富。

3D 打印手机外壳

3D 打印多彩月球灯

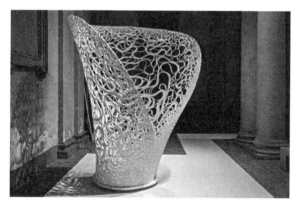
3D 打印雕塑

3D 打印鞋

想一想

① 3D 打印技术为生活带来的积极的变化是什么？
② 3D 打印技术为生活带来的消极的影响是什么？
③ 若能成为一名 3D 时尚设计师，你想尝试制作什么？

2011年，西班牙的Crayon Creatures设计公司开启了一项革命性的服务项目，将孩子的绘画作品制作成模型。

绘画模型1

绘画模型2

如果你是一名3D时尚设计师，你想设计并制作怎样的衣服？你心目中那件衣服的主人是谁呢？制作理由是什么？请回答下列问题。

想要利用3D打印机设计制作的衣服：

衣服的主人：

制作理由：

☺分析3D打印技术的发展给我国时尚产业领域带来的优势、劣势、机会及风险（SWOT分析法）。

优势（Strengths）	劣势（Weaknesses）
机会（Opportunities）	风险（Threats）

☺ 如果你是一名3D时尚设计师，你会如何为祖国时尚行业的发展献计献策？将所构思的内容进行整理。

_____

_____

_____

_____

_____

拓展阅读1　走近 3D 打印机

■ 什么是 3D 打印机?

日常生活中使用的普通（2D）打印机可以打印电脑设计的平面图形。但是，普通打印机只能在普通办公用纸、投影胶片等平面上进行打印。

2D 打印机

3D 打印是一种新型制造技术，即利用黏合材料一层层地打印出三维立体物品。

3D 打印机

■ 3D 打印机的功能

1. 制作立体作品

能够全方位呈现图片中出现的动植物、建筑物、各种角色等。

立体作品

2. 利用多种材料

选用食物作为打印材料可以制作出食物，选用细胞则可以制作出人体器官和组织。

多种材料

3. 制作义肢

可以为由于事故或其他原因导致身体不健全的人们制作义肢。

义肢

4. 制作纪念品

可以制作自己喜欢的纪念品。

纪念品

3D 打印机的发明时间并不长，但其应用范围却越来越广泛。例如，运用 3D 打印机可以制作玩具、人偶、义肢等，也能够将食物作为打印材料制作出美味的佳肴。

现在，科学家已经能用 3D 打印机结合细胞组织制作身体的部分结构，还能用 3D 打印机建造房屋。

3D 打印流程

① 建模。

② 导出为 STL 文件。

③ 通过切片软件将 STL 文件转换为 G-code 文件。

④ 在 3D 打印机上进行打印操作。

⑤ 后期处理（磨砂纸打磨，填充颜色）。

3D 数据文件格式

文件格式	介　　绍
STL	STL 文件格式是由 3D SYSTEMS 公司于 1988 年制定的一种为快速原型制造技术服务的三维图形文件格式。
OBJ	OBJ 文件格式是 Alias 公司开发的一种标准 3D 模型文件格式，很适合用于 3D 软件模型之间的数据交换。
3MF	3MF 文件格式能够更完整地描述 3D 模型。除了几何信息外，3MF 文件格式还可以保存内部信息、颜色、材料、纹理等特征的数据。
AMF	AMF 文件格式以目前 3D 打印机普便使用的 STL 文件格式为基础，弥补了 STL 格式的相关缺点。AMF 文件格式能够记录颜色信息、材料信息及物体内部结构等。

■ 3D 数据生成方法

方法	工具	优点	缺点
3D 建模 软件	SketchUp 123D Design	可根据个人想法设计并制作复杂的立体模型。	需要掌握较多的建模软件的操作方法，学习难度较大，所需时间较长。
3D 扫描	3D 扫描仪 3D 扫描数据修正软件	可以通过 3D 扫描仪一次性生成模型文件，无须人工绘制设计图。	模型精准度低于使用 3D 建模软件绘制的模型，需要人为进行后期处理。
3D 模型 数据 资源	免费资源共享网站： www.sketchfab.com www.archive3d.net	可以直接利用已经制作好的模型文件，无须 3D 建模技术或其他软件。	只能利用现有模型，很难实现独特的创意和构想。

■ 123D Design

　　123D Design 是欧特克公司发布的一套适用于大众的建模软件。用户可以利用该系列软件采取多种方式生成 3D 模型：可以用直接拖曳 3D 模型并编辑的方式建模；或者直接将拍摄好的数码照片在云端处理为 3D 模型；如果你喜欢自己动手制作，123D 系列软件同样为爱动手的用户提供了多种方式来发挥自己的创造力。不需要复杂的专业知识，任何人都可以轻松使用 123D 系列产品。

■ 123D Design 的软件主界面

　　① 应用菜单内容：显示软件的基本功能命令。

　　② 指令菜单内容：显示与建模相关的指令。

　　③ 登录信息窗口：显示登录网页用户的信息。

　　④ 操作窗口：设计建模的操作窗口。

　　⑤ 视图立方体：调整物体的透视角度。

　　⑥ 显示菜单：显示跟踪模式、大小的功能按钮。

　　⑦ 单位：调整建模时使用的单位。

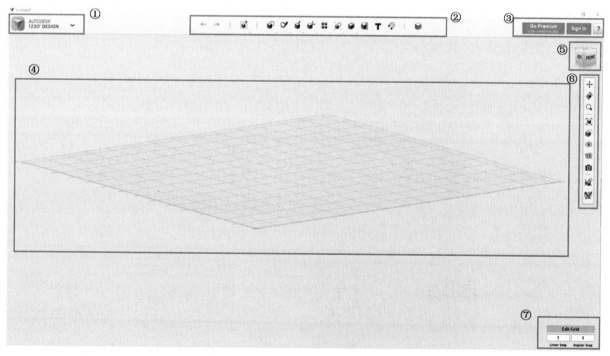

123D Design 软件界面

探索梦想

创意设计 优优的烦恼

☺ 小伙伴们，一起来解决优优的烦恼吧。

在劳技课上，老师让同学们利用针线，将纽扣缝在衣服上，并将衣服重新改良修整。优优联想到刚才学习的内容，思考如何用 3D 打印机设计出独特的纽扣，让翻新的衣服突出亮点。

但是，包括优优在内，所有的同学都因为不熟悉 3D 设计和 3D 打印机而感到苦恼。

同时，老师要求通过班级展示会，选出改良后最出色的衣服，作为运动会的统一服装。

现在，作为未来的 3D 时尚设计师，请你思考如何制作富有创意的纽扣，为主人公优优献计献策吧。

☺ 优优向大家提出的请求是什么？

☺ 在制作纽扣的众多办法中，利用 3D 打印机制作纽扣的优点是什么？

☺ 画出所构想的纽扣设计图，并在衣服上标注出想要缝制纽扣的位置。

画出 纽扣 设计图	
标出 纽扣 缝制 位置	

体验梦想

课堂实践 1 利用 123D Design 软件制作纽扣

☺ 利用 123D Design 软件制作纽扣。

【STEP 1】

先打开 123D Design 软件，点开【Primitives】，然后选择【Circle】圆形工具，并输入圆的半径【Radius】为 10mm。

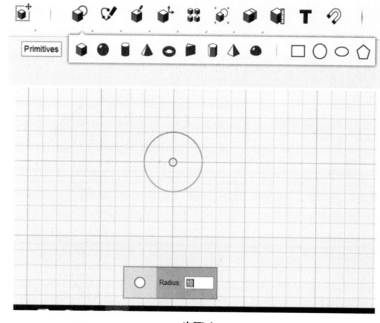

步骤 1

【STEP 2】

① 选择修改【Construct】菜单中的拉伸【Extrude】选项。

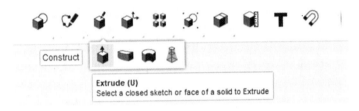

步骤 2-1

② 选择基本体中的圆形【Circle】，设置半径为 2mm。

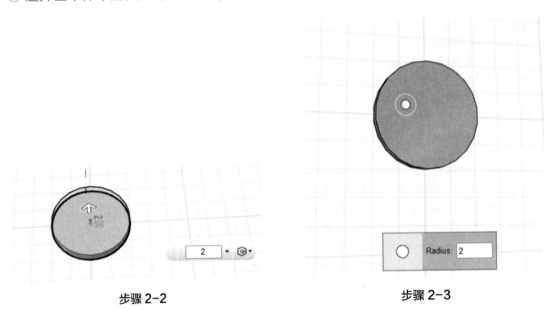

步骤 2-2 　　　　　　　　　　　　　步骤 2-3

③ 复制刚刚画出的圆面图形，向右平移 8mm。

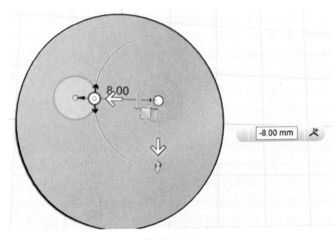

步骤 2-4

【STEP 3】

选择两个圆面，向下拉伸 4mm。笑脸的眼睛完成。

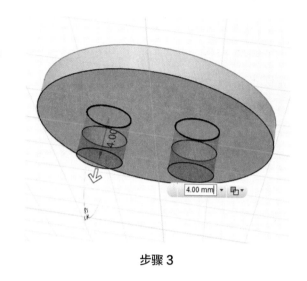

步骤 3

【STEP 4】

选择草图【Sketch】菜单中的两点圆弧【Two Point Arc】选项绘制笑脸，用【Offset】选项复制弧线，再用直线连接两头，绘制成面。

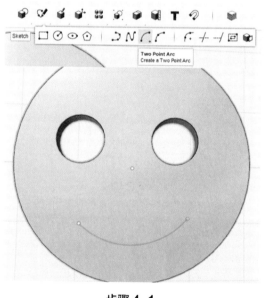

步骤 4-1

步骤 4-2

【STEP 5】

拉伸出笑脸。选中笑脸，向下拉伸 4mm。

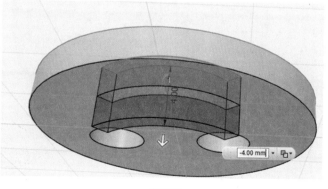

步骤 5

【STEP 6】

对纽扣进行圆角处理。选择修改【Modify】菜单中的圆角【Fillet】选项，选择纽扣圆柱体上表面边缘和下表面边缘进行圆角处理，输入值 1.5。

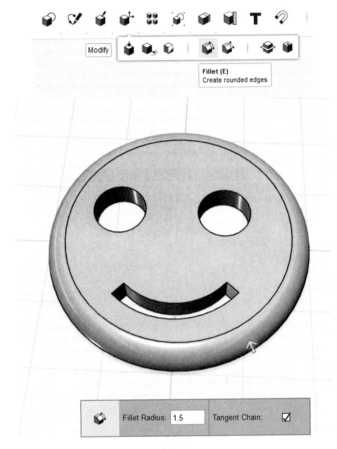

步骤 6

【STEP 7】

选择你喜欢的材质。

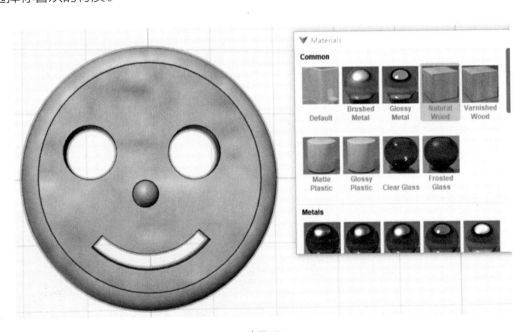

步骤 7

课堂实践 2　将 STL 文件转换为 pcode 代码文件

☺ 为了能够让 3D 打印机读取建模软件导出的 STL 文件，需要使用切片软件进行转换。

【STEP 1】

选择【导出为 3D 文件】选项中的【STL】后，将文件保存为 STL 格式文件。

步骤1

【STEP 2】

利用 3D 打印机配套的切片软件，将 STL 文件转换为可以识别的 pcode 文件格式。

步骤2

☺ 除纽扣外，还可以利用 3D 打印机制作哪些装饰物件呢？尝试将自己看作是 3D 时尚设计师，在下方填入你认为其他能够利用 3D 打印机制作的装饰物。

胸针	鞋	

规划梦想

感悟分享　体验 3D 时尚设计师

从下列主题中选择一个，写一篇短文，记录自己的经历或感想，题目自拟。

主题　　Ⅰ我若成为 3D 时尚设计师

　　　　Ⅰ3D 打印技术对未来时尚界带来的积极的变化

┃ 3D 打印技术对未来时尚界产生的消极的影响

┃ 编写 30 年后成为 3D 时尚设计师的自传书

题目：

_____

_____

_____

_____

_____

职业探索　与 3D 时尚设计师相关的职业

3D 打印服装设计

3D 打印饰品设计

☺ *选择一个你最感兴趣的职业吧！*

3D 打印时装设计师

3D 打印软件工程师

3D 打印材料工程师

职　　业	
选择理由	
想探索的内容	

了解 3D 时尚设计师所应具备的专业能力，根据各学习阶段的特点制订相应的学业规划和职业规划。

对绘画与制作感兴趣，并积极参与各项活动。

有利用 3D 建模程序及 3D 打印机制作物体的经验。

报考与设计相关联的大学专业。

了解材料工学、计算机工程、机电一体化、机械工程等相关专业中涉及的 3D 打印知识与技术。

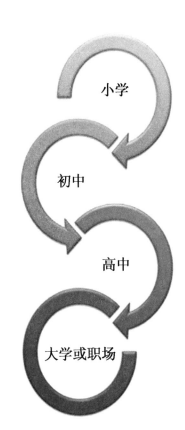

对 3D 打印机与相关程序感兴趣，并了解相关应用软件。

参加与 3D 打印相关的社团与活动。

提前选修计算机相关课程，参与相关的比赛和活动。

在大学阶段学习与时尚相关联的专业，培养设计灵感与专业性。

选择学习与 3D 打印技术相关联的工科专业，进行系统的学习。

升入职业高中，开始系统学习与 3D 打印技术相关联的专业。

参加 3D 打印相关的比赛，积累经验。

就职于专门从事 3D 打印的公司，积累经验。

创立并经营 3D 打印时尚设计公司。

成为引领时尚潮流的 3D 时尚设计师，并在时尚界占有一席之地。

自我评价与相互评价

评价方法	评价环节	评价内容	评价标准		
			符合	一般	不符合
自我评价	创意设计	能够在纽扣设计活动中产生独树一帜的想法。			
		能够利用 3D 打印机设计出具有独特性及美观性的作品。			
	情感体验	能够写出切合主题要求的文章。			
		能够充分说明制作的作品与使用者之间的关系。			
		能够说出 3D 打印技术为生活带来的积极影响和消极影响。			
	职业规划	以积极的态度参与课程活动。			
相互评价	职业规划	积极地参与分析讨论活动。			

☺ 你对 3D 时尚设计师这一职业的态度如何？按照自己的想法进行选择。

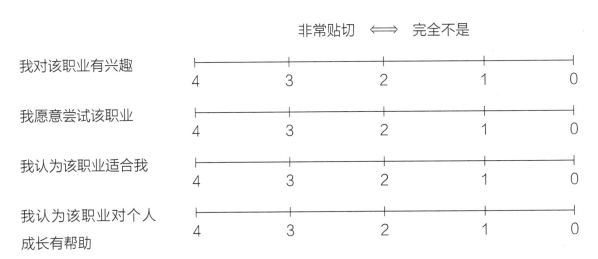

	非常贴切 ⟺ 完全不是
我对该职业有兴趣	4　　3　　2　　1　　0
我愿意尝试该职业	4　　3　　2　　1　　0
我认为该职业适合我	4　　3　　2　　1　　0
我认为该职业对个人成长有帮助	4　　3　　2　　1　　0

第二课 ▶ 3D 模块设计师

>>>>

课程引言

积木住宅模型

3D 模块住宅模型

　　左上图是用积木制作的住宅模型，右上图是用自己设计的 3D 模块制作的住宅模型。这其中便用到了积木和 3D 打印机。小孩子们或多或少都接触过积木，从小玩偶到宇宙飞船，在制作过程中慢慢认识到了积木的乐趣。当具有无限搭配可能和创意性的积木遇到了 3D 打印技术后，我们便可以制作自己设计的住宅。

　　本课程中，我们将使用 3D 打印机设计、制作基础的模块，并利用这些模块组装自己的未来住宅模型。在这一过程中，培养学生对 3D 打印机的兴趣，进而关注与 3D 打印相关的未来职业。大家或许有志于成为"3D 模块设计师"。

利用 3D 建模软件，设计基础的模块。

使用基础的建筑模块，尝试制作未来住宅模型。

培养对 3D 模块设计师工作的兴趣，关注未来的职业发展。

树立梦想

/////// 场景导入 1　模块 (block) 能够用来制作哪些物品？///////

☺ **当听到"模块"一词时，你最先想到什么？在下方空格处填写你的想法。**

模块是用水泥制成的方块，是用来筑墙、铺路的建筑材料。	模块是用木材或塑料制成的玩具
在计算机或互联网中，模块是可以作为一个单位来处理的信息。	

　　如果你最先想到的是积木，那你以前一定接触过它，或许曾经用积木搭建过某些模型。积木是非常有名的模块玩具，仅用积木，我们就可以制作许多种有趣的玩具，或者设计新奇的模型。

积木

积木模型

■ **思维拓展**

　　在日常生活中，哪些物品可以设计成模块，再以模块组装？通过头脑风暴，用发散性思维讨论所给出的问题。

■ **头脑风暴**

头脑风暴是讨论、交流、分享想法最常用的方法，它应遵循以下 4 项原则：

第一，在他人分享创意时，绝对不可以批判他人的想法。

第二，营造开放包容的氛围，欢迎具有创意的想法，并给讨论设置时间限制。

第三，想法越多越好，比起想法的质量，应更追求想法的数量。

第四，结合讨论结果，完善自己的思路。

■ **记录讨论结果**

Note >>>

- 将自行车的车身制作成模块，驾车外出时便于携带。
- 将衣柜分解为多个模块，一个衣柜，多种形态，满足你不同的放置需求。

场景导入 2　3D 打印机能够打印哪些形状的模块？

☺ 利用 3D 打印机，我们可以制作哪些模型？在下方空格处填写你的想法。

房子	汽车	玩具	

　　3D 打印有着巨大的成长空间及广泛的用途，它正渐渐地走进我们的日常生活。3D 打印机是将建模软件设计好的模型打印成 3D 实物的装置。例如，在软件中设计一个手机保护壳，3D 打印机就能够根据输入的信息打印出实际物品。如今，3D 打印机已经不再单指工厂中使用的大型打印

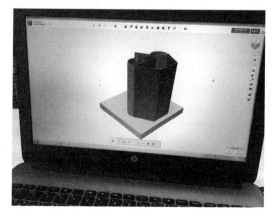

建模软件

3D 打印机

机，人们也能够买到精致小巧的、可在家中使用的小型 3D 打印机了。

当然，3D 打印的材料也不仅仅局限于塑料和金属，生物细胞等生物材料也可作为打印的材料。即便是复杂的设计，3D 打印机也能够一次性打印出来。

☺ 结合头脑风暴中得出的结果，分析 3D 打印机能够制作出哪些形状的模块，并以"思维导图"的形式整理总结。

场景导入 3　我们能够用模块搭建出怎样的住宅?

■ **用模块搭建的 Micro House**

Micro House

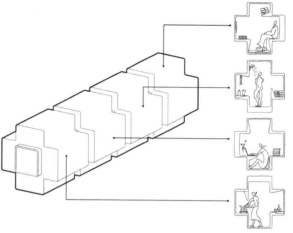

模块功能

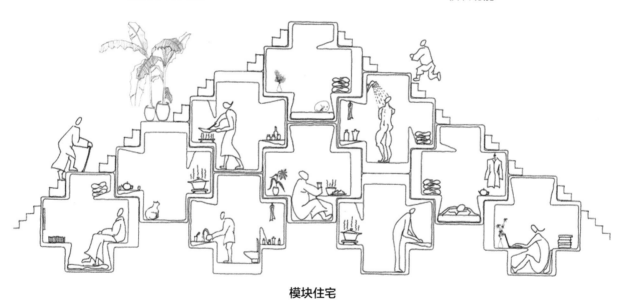

模块住宅

北京某公园突然出现了形状怪异的简易房屋，由 3 个模块组成，被命名为 Micro House。Micro House 的每个模块各有一种功能。使用者可以根据自己的实际需求自由选择卧室、厨房、卫生间、书房等模块进行搭配，搭建自己想要的房屋。利用这种方式搭建房屋，不仅简便易行，而且极具趣味性，满足了当今社会人们对住房个性化的需求。

■ **整理总结**

利用"ALU"方法分析上一环节思维导图中的想法和创意，思考如何利用模块来搭建未来住宅。

■ "ALU" 分析方法

"ALU"(Advantage, Limitation and Unique Qualities)分析方法是发散思维方法中的一种，用于分析事物的优点、缺点和独特之处，具体过程如下：

第一，写下想要分析的事物。

第二，在"优点"一栏写下事物的优点、有利因素和积极方面。

第三，在"缺点"一栏写下事物的缺点或不利因素等，也可以写完善方法。

第四，在"独特之处"一栏写下事物有创意或独特的地方。将考察重点放在事物的独特性、趣味性方面。

■ 分析

优点 (Advantage)	
缺点 (Limitation)	
独特之处 (Unique Qualities)	

拓展阅读 1 一个人也可以建造房屋吗?

数年前，一个人独立建造一栋大房子还是无稽之谈，但现在却已成为现实。你能想象亲手建造完全符合自己与家人需求的房屋吗? 现在，越来越多的人开始构思自己的乐园，并建造居住小屋了。

建造自己的梦想之家

☺ 如果由同学们自己来设计并建造房屋，会有哪些好处呢？

拓展阅读2 我们能够利用 3D 打印技术建造房屋吗？

2013 年 2 月，英国伦敦 Softkill Design 建筑设计工作室首次提出了一个 3D 打印房屋的概念。3D 打印房屋需要用尼龙搭扣或者像钮扣一样的扣合件起到固定作用，同时借助传统建造技术。这一设计概念是 2012 年 10 月在 3D 打印展上提出的，它并非采用固体墙壁建造，而是在骨骼基础上建造纤维尼龙结构。这一概念被命名为"打印房屋 2.0"，即采用相同的极简抽象派工艺，使用足够的塑料来保证结构的完整性。这种 3D 打印房屋概念将会为房屋建造带来革命性的改变。随着 3D 打印技术的发展，这种方式也将解决住房紧张问题。

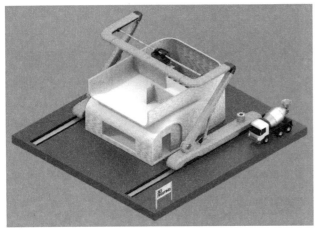

3D 打印房屋模型

国内首批 3D 打印房屋

 用 3D 打印机建造房屋的优点有哪些？

探索梦想

///////// 创意设计　房屋是如何建成的？ /////////

建造房屋的必经过程如下：

规划		设计		施工
本阶段主要是了解房屋的建造要求，搜集、分析所有能够帮助达成要求的条件和信息，制订建造计划。	⇒	这一阶段的内容是设计建造图纸。图纸是施工人员施工的重要依据，因而图纸应当准确清晰。	⇒	本阶段以规划和设计图纸为依据，开始房屋建造的施工。施工过程中需要大量的费用、时间、精力，施工方应注意加强计划和管理工作，确保工程顺利高效进行。

☺ 在下方画出未来自己想要居住的房屋。

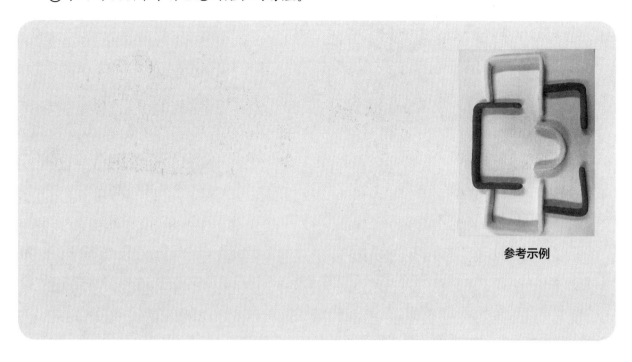

参考示例

☺ 根据自己的设计图，使用"黏土"捏出模块后，利用模块搭建未来自己想要居住的房屋。

准备物品 黏土、木板黏合剂、刀、尺子、剪刀等。

■ **制作模块**

利用黏土制作各种形状的模块。

Note >>>

- 制作厚度在 2cm 以内的模块。
- 制作 5 种以上形状的基础模块。

步骤 1

■ **设计建造的房屋**

在 A4 纸大小的泡沫底座（厚 2mm）上，尝试用各种模块搭建想要建造的房屋。

Note >>>

- 房屋模型的高度为 8～10cm。

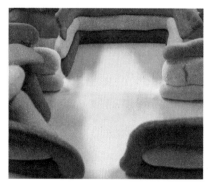

步骤 2

■ 制作独一无二的房屋模型

使用各种形状的黏土模块制作房屋模型，两块模块之间可以用木板黏合剂连接。

步骤 3

Note

- 因是在 A4 纸大小的底座上制作模型，房屋地基的大小设计应在 A4 纸规格内。
- 房屋制作结束后，可以在空余的地基上增加各种设施。

体验梦想

课堂实践 1 利用 3D 建模技术设计基础模块

☺ 利用 3D 打印机制作模块时，需要用到哪些软件呢？填写在下面的空格中。

123D Design	

我们在第一课中已经学习了 123D Design 的基本使用用法，同学们运用该软件可以创建出 3D 模型，能够快速将自己的想法表达出来，并生成三维模型文件。

如果想要将想法变成实物，那么 3D 数据是不可或缺的。说起建模软件，人们往往会首先想到复杂的设计软件，但其实 123D Design 是一个免费且操作简单的软件。不论小学生、初中生、高中生还是大学生，任何人都可以使用 123D Design 制作出满意的

3D 建模软件

3D 模型。同时，我们可以将 123D Design 软件中制作的 3D 模型数据导出，用打印机制作出自己设计的 3D 模块，并组装出各种模型。

■ 设计底座

　　利用【Sketch】草图菜单中的草图矩形【Sketch Rectangle】命令，制作长和宽各为 100mm 的四边形，使用【Extrude】拉伸命令，设置 Z 轴高为 5mm。房屋的底座设计完成。

　　完成底座后，我们将在其基础上，设计组装房屋模型的各种模块。

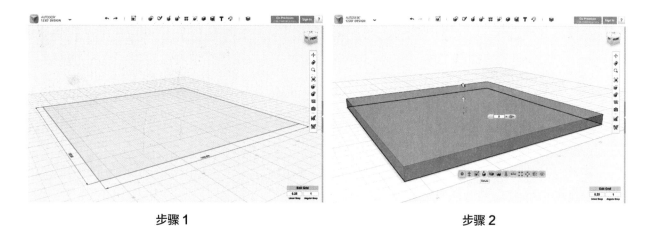

| 步骤 1 | 步骤 2 |

■ 制作基础模块

Note ⟩⟩⟩

- 地基大小为 100 × 100mm。
- 房屋的高度最高不超过 100mm。

"L"模块

五边形模块

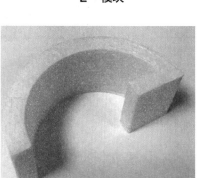

半圆模块

三角形模块

■ 基础模块建模

【STEP 1】 制作"L"模块。

① 点击【Sketch】草图菜单中的【Polyline】选项，按照步骤 1-1 所示数据绘制平面草图。

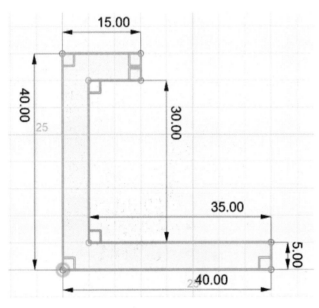

步骤 1-1

② 当光标位于草图上时，点击鼠标右键，在快捷菜单中选择拉伸【Extrude】，将箭头沿着 Z 轴向上移动 20mm，制作立体模块。

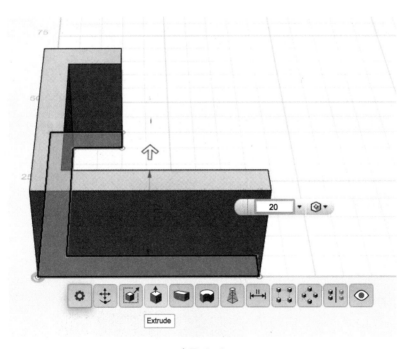

步骤 1-2

【STEP 2】 制作五边形模块。

① 点击【Primitives】中的【Polygon】选项，输入半径值为34mm，绘制出一个五边形。

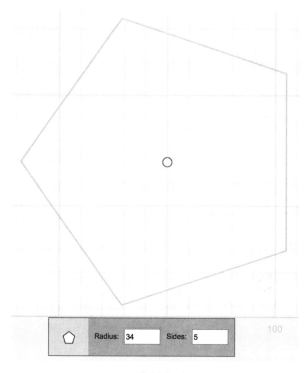

步骤 2-1

② 选择五边形的一条边，按【Delete】键删除。点击【Sketch】草图菜单中的【Polyline】选项，选中五边形，在编辑草图模式下，按照步骤2-3所示输入数据，并将线条加粗。

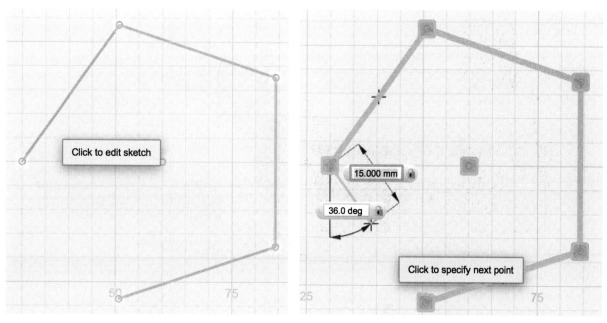

步骤 2-2   步骤 2-3

③ 点击【Sketch】菜单中的【Extrude】选项，选中五边形，在编辑草图模式下，将图形扩大，扩大后相距 5mm。

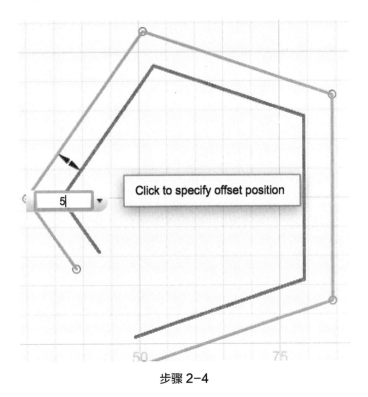

Click to specify offset position

5

步骤 2-4

④ 点击【Sketch】菜单中的【Polyline】选项，在编辑草图模式下，用直线连接两个五边形，形成闭合图形，并将图形拉高 20mm。

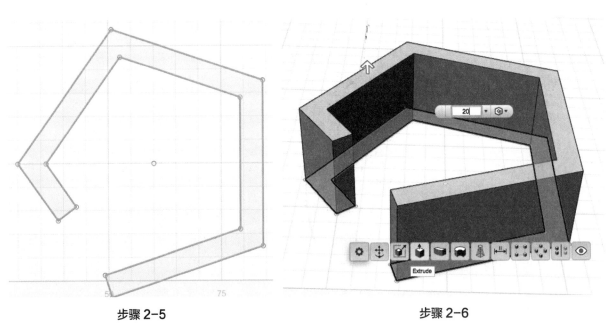

步骤 2-5   步骤 2-6

【STEP 3】 制作半圆模块。

① 点击【Sketch】菜单中的【Sketch Circle】选项，绘制直径为 50mm 的圆。选中圆，在编辑草图模式下，加粗经过圆心的直线。

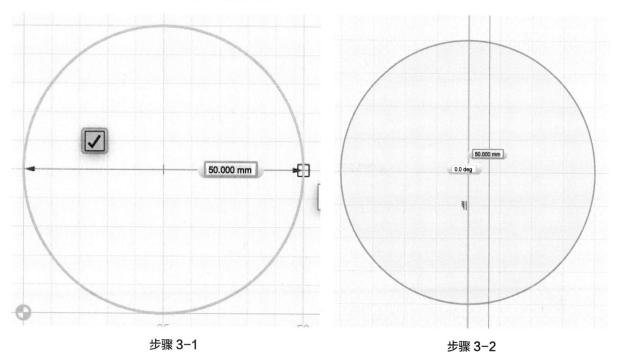

步骤 3-1   步骤 3-2

② 点击【Sketch】菜单中的【Trim】选项，选中步骤 3-2 中的图形，在编辑草图模式下，以加粗直线为界，保留半圆，去掉另一半圆弧（图中标红部分）。

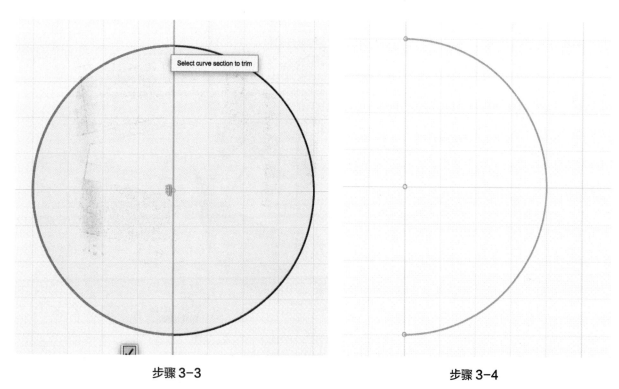

步骤 3-3   步骤 3-4

③ 点击【Sketch】菜单中的【Polyline】选项，在编辑草图模式下，加粗距离圆心 15mm 的一段直线。选中半圆，在编辑草图模式下，将图形扩大，扩大后相距 5mm。

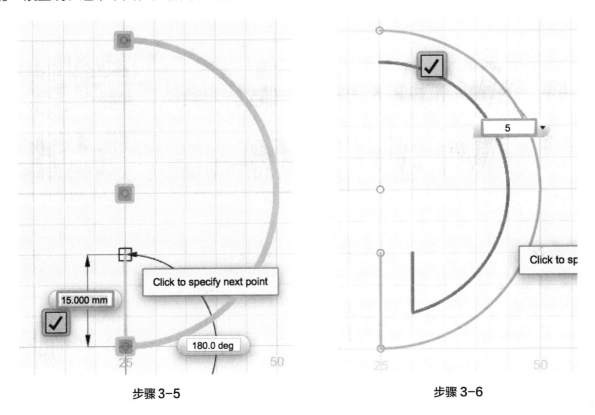

步骤 3-5   步骤 3-6

④ 选中现有的图形，在编辑草图模式中，连接半圆形的末端，形成闭合曲线，并将图形拉高 20mm。

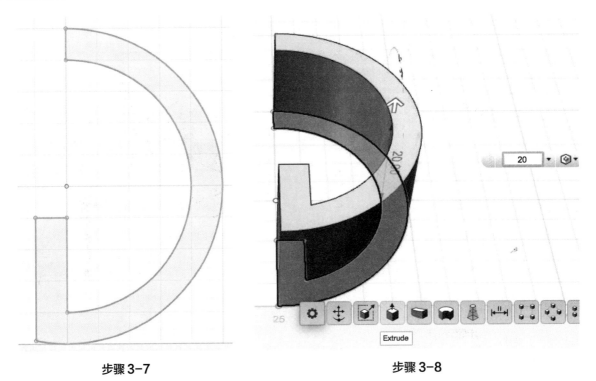

步骤 3-7   步骤 3-8

【STEP 4】 制作三角形模块。

① 按照步骤 4-3，绘制三条边边长分别为 40mm、40mm、15mm 的线段，并将线段加粗。选择图形，将图形扩大，相距 5mm。

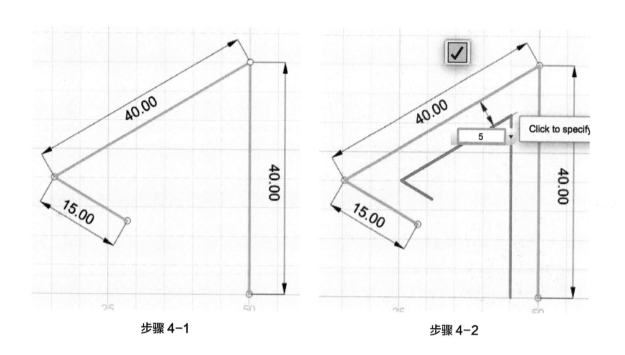

步骤 4-1　　　　　　　　　　　步骤 4-2

② 选中图形，在编辑草图模式下，连接两个相似图形，形成闭合曲线。制作高为 20mm 的立体图形。

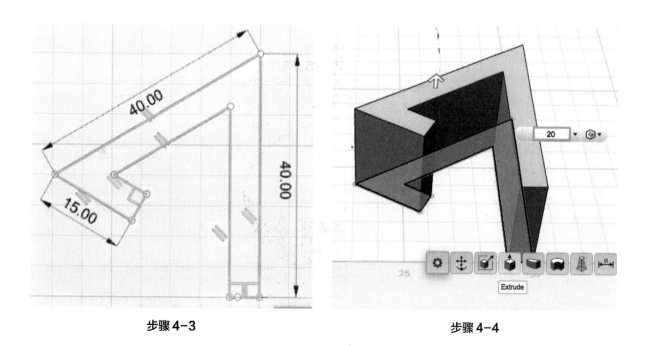

步骤 4-3　　　　　　　　　　　步骤 4-4

☺ 使用 123D Design 建模软件，完成房屋模块的设计。利用 3D 打印机制作所需模块后，搭建未来住宅模型。

准备物品　3D 打印机、计算机、PLA 耗材、后期工具（丙烯颜料、画笔）、双面胶等。

■ 设计底座

设计房屋模型的底座。底座为边长 100mm 的正方形。

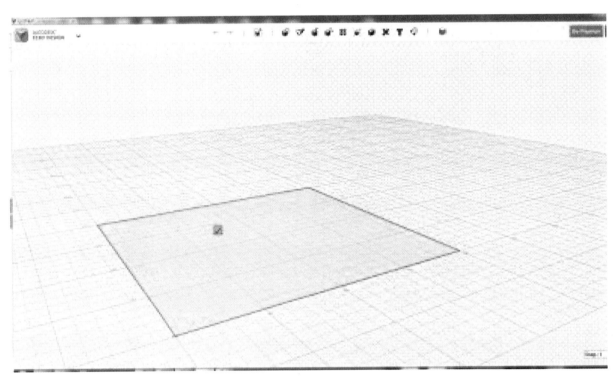

步骤 1

■ 制作模块

利用 3D 建模软件，设计各种形状的模块，并用 3D 打印机制作。

建模方式有以下两种选择，选取其中一种，设计自己需要的模块。

① 参照上一环节建模指南，直接设计自己想要的模块。

② 使用教材配套附件中的 123dx 文件，根据设计需求修改其中的模块，导出 STL 文件。

步骤 2

■ **打印**

利用 3D 打印机将设计好的模块打印出来。

Note >>>

- 层高 (layer)：0.2mm
- 外壳厚度 (wall)：0.8mm
- 填充率 (infill)：10%
- 底面：NO, 支撑：NO

■ **后期加工**

根据最终成品的效果，使用丙烯颜料为模块上色。

步骤 4

■ **制作住宅模型**

① 用双面胶将打印出来的模块简单地固定在底座上。

② 可拼插模块可以方便地组合在一起，如果学生能力有限，制作的是基础模块，则需要使用双面胶将各个模块黏合在一起。

③ 房屋的高度不超过 100mm。

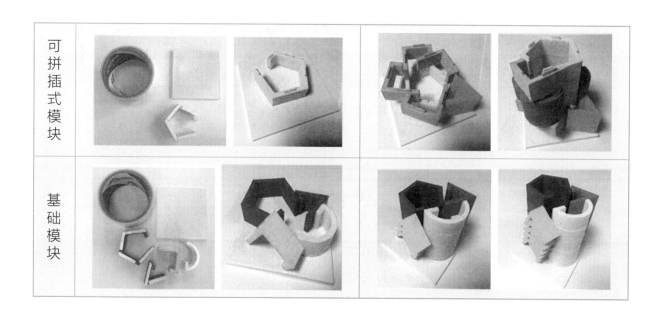

规划梦想

感悟分享　分享体验 3D 模块设计师的感想

☺ 谈一谈在使用基础模块搭建模型的过程中你有哪些收获和感想。

自我评价	
理　　由	
收获和感想	

☺ 将各小组的未来住宅模型集中在一起，组成一个社区，并拍摄照片记录。

<照片>

☺ 为社区中的各个住宅模型命名。

40

职业探索 1　认识 3D 模块设计师

你听说过"3D 模块设计师"吗？像平面
设计师一样，我们不仅可以用各种模块搭建
未来住宅模型，也可以制作出其他有趣的模
型。随着 3D 打印技术的发展，我们可以直接
使用 3D 打印机制作单独的模块并留好接口，
再将这些模块拼插成为一个新的模型，并且
这样的模块设计工作也越来越受到人们的重视。

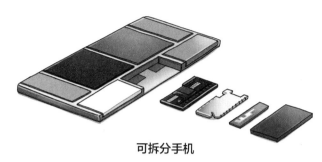

可拆分手机

3D 模块设计师的工作是设计出产品的全部或部分模块形状，比如可拆分手机的各个模块，
手机模块包括摄像头、电池、扬声器等。不同的模块有着不同的功能，使用者可以根据自己的喜
好随意搭配各个模块。

想一想

① 如果想要成为 3D 模块设计师，我们需要具备哪些能力？
② 3D 模块设计师可以从事哪些领域活动？

职业探索 2　若想成为 3D 模块设计师，我们需要做哪些准备？

设计	具备创新能力。
	把握社会焦点。
	具备空间想象能力。
电脑程序（软件）	能够利用三维建模软件实现自己的想法，并绘制立体模型。
熟练使用 3D 打印机	了解 3D 打印机的原理、操作方法等。
	学习各种材料的名称和特点，能够根据制作要求选择合适的材料。
产品处理	了解如何将 3D 打印机打印出的物品表面打磨光滑。
	能够为打印产品上色。
	掌握各种创意表达的方法。

☺ **你对 3D 打印模块设计的哪些方面比较感兴趣？**

3D 模块设计

3D 设计程序开发

3D 打印材料研究（塑料、金属、木材、细胞组织等）

3D 打印后期加工与处理（打磨、上色等）

3D 打印物品的制作和销售

职业规划　3D 模块设计的相关职业规划

　　在与 3D 模块设计相关的众多职业中，选取一个你感兴趣的职业进行调查，根据各学习阶段的特点制订相应的学业规划和职业规划。

对绘画和手工制作活动产生兴趣。

能够对 3D 打印机和设计软件产生兴趣，并开始接触软件。

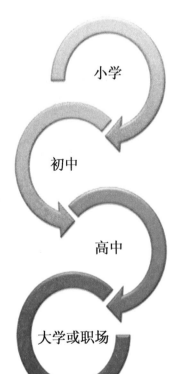

小学

初中

高中

大学或职场

进入高中，学习设计相关的知识。

进入高中，在学校或辅导班学习计算机方面的知识。

在大学里选择设计专业，深入学习 3D 打印技术的相关知识。

进入计算机类专业，研究 3D 打印技术。

了解 3D 打印技术，开始学习与计算机或设计相关的知识。

进入计算机专业或设计专业，系统地学习计算机或设计知识。

非专业人士可以在计算机学院或设计学院学习相关知识内容。

取得计算机或设计的相关证书，提高专业度。

如果成为 3D 模块设计师，我们可以利用模块的无限拓展性，结合我们的创造力，应用 3D 打印技术，制作出各种新的模型；也能够制作出具有不同功能的小模块，供使用者自行挑选、搭配。

自我评价与相互评价

评价方法	评价环节	评价内容	评价标准		
			符合	一般	不符合
自我评价	创意设计	能够利用建模软件设计出不同的模块。			
		能够利用模块搭建出具有创意的房屋模型。			
	情感体验	在小组过程中，能够积极主动地参与各项活动并扮演好自己的角色。			
		能够为自己及小组的作品赋予特殊的涵义，并与其他同学分享。			
	职业规划	能够了解模块设计师的相关工作内容和职责。			
		能够独立规划模块设计师职业发展路径。			
互相评价	情感体验	能够与其他同学相互合作，积极主动地参与课程活动。			
		小组成员能够利用 3D 打印机制作模块，并合作搭建具有创意的房屋模型。			

☺ **3D 模块设计的相关职业中，哪一职业适合你？结合下表，评选出最理想的职业。**

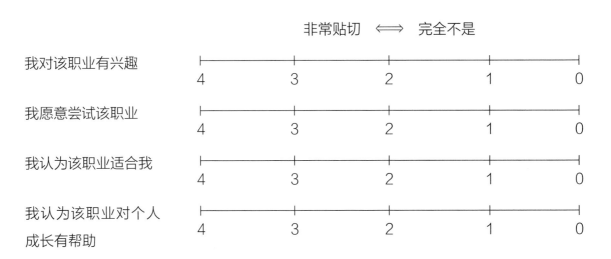

非常贴切 ⟷ 完全不是

我对该职业有兴趣
4　　　3　　　2　　　1　　　0

我愿意尝试该职业
4　　　3　　　2　　　1　　　0

我认为该职业适合我
4　　　3　　　2　　　1　　　0

我认为该职业对个人成长有帮助
4　　　3　　　2　　　1　　　0

第三课 ▶ 3D 生物打印师

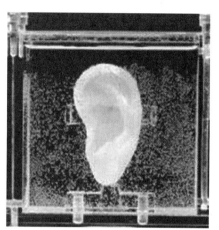

梵高的自画像   3D 打印的梵高的"耳朵"

2014 年 6 月,德国一家博物馆展出了梵高"活耳"的复制品。这只耳朵是科学家们采集梵高家族成员的细胞后,使用 3D 打印技术制作而成的。它看似是用塑料材质制成的,但实际上是用人类细胞 3D 打印出来的。

3D 打印技术向我们展示了它的惊人力量,现如今它的发展状况又如何呢? 3D 打印技术会给人类带来哪些便利呢?

课程目标

了解 3D 打印技术是如何运用在医疗和生物领域的。

认识手的构造和功能,利用 3D 建模软件制作手的模型。

了解 3D 生物打印师的工作职能,探索 3D 生物打印相关职业。

场景导入　请给我一双手

　　我有一位非常热爱运动的朋友，他叫小新。有一天，他在操场上踢足球，突然踩到一个小石块，被绊倒在地。他觉得自己的左手非常痛，于是我和同学一起把他送到了医院。医生诊断后告诉我们，小新的左手骨折了。接下来的几周，小新的左手一直打着厚厚的石膏，十分不方便。这次经历过后，我们总是会想到那些手部有残疾的人，觉得他们的生活一定很辛苦。后来，在科学课上我们从老师那里得知，手可以通过 3D 打印技术打印出来。但是，利用现有的 3D 打印技术真的可以为残疾人量身定制手吗？

　　手，由五个手指及手掌组成，主要用来抓取和握住东西。两只手相互对称，互为镜像。

　　人的手指包括大拇指、食指、中指、无名指和小拇指。手能完成各种精巧而复杂的动作，手指起到了很大的作用。除大拇指分两节外，其余手指分为三节，可以向手心一侧灵活自如地弯曲。

　　每只手都有 29 块骨头，这些骨头由 123 条韧带联系在一起，由 35 条强劲的肌肉来牵引，而控制这些肌肉的是 48 条神经。丰富的神经使手对触觉、温觉、痛觉等极为敏感，稍有较大的痛楚，就会使人感到"揪心"般的疼痛。人就是通过神经传导信息，通过血管提供动力，使灵巧的手按人的意图办事的。

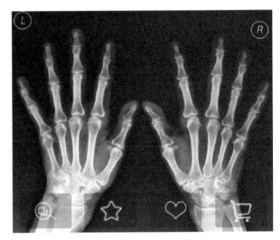

手的结构图

　　☺ 制作手需要哪些数据？

拓展阅读 人工耳朵? 除此之外, 还能打印什么?

最近, 3D 打印技术迅速发展, 它似乎是无所不能的。2015 年, 人类已经可以 3D 打印出汽车了。除此之外, 人们也在尝试打印各种人体器官组织。耳朵、鼻子、血管、皮肤、心脏等身体各部分都能够被制作出来, 并且能成功地与患者进行配对。由此可见, 3D 打印技术将在医疗领域掀起一场新革命。

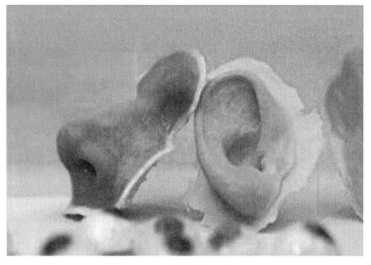

3D 生物打印

探索梦想

创意设计 1 设计手的模型

目前, 我国的 3D 生物打印技术已经能够打印出义齿、义肢、人造膝关节等医疗用品。

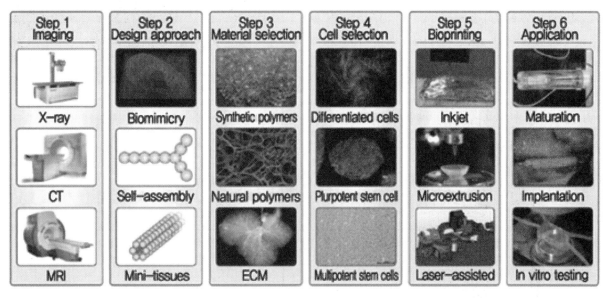

生物打印流程示意图

生物打印的过程大致可分为三个阶段: 第一, 根据患者的诊断结果的数据 (X-ray、CT、MRI 图片资料) 进行 3D 建模; 第二, 以 STL 文件的形式导出建模资料; 第三, 打印身体部位, 进行后期加工处理。

接下来，我们将利用 3D 打印技术打印手的模型。我们的打印过程也大致分为三个阶段：第一，根据手部数据进行 3D 建模；第二，以 STL 文件形式导出建模数据；第三，利用 3D 打印机打印出手的模型，并进行后期加工处理。

我们制作的手的模型是简化设计的，所用耗材也只是常用的 PLA 耗材，实际上打印"手"非常困难，需要解决的问题有很多，如患者的数据资料缺失、纤维素材不足、打印机设备的质量不高、建模的精确度不够等。

☺ *记录活动分工。*

角 色	内 容	负责人
组 长	全权负责 3D 打印软件的相关事宜。	
设计师	负责设计并打印出人造器官，再进行后期加工处理。	
医 生	负责诊断患者的症状，判断是否适用人造器官。	
信息传递员	主要负责发送 3D 建模文件，并实时观察患者病情。	

创意设计 2　设计手的模型

■ **绘制手的草图**

48

■ 根据讨论结果，绘制手的简易图

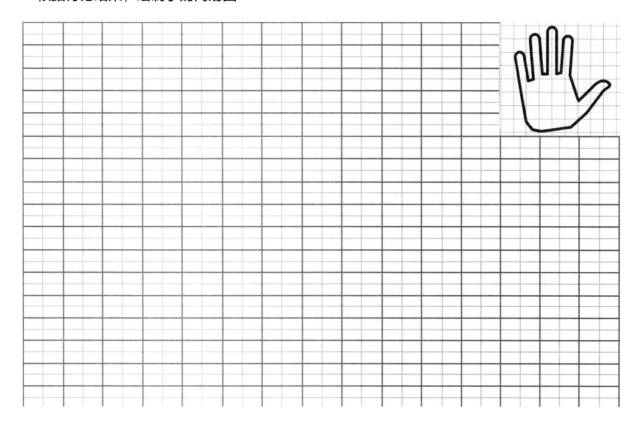

体验梦想

课堂实践　利用 3D 打印技术制作手的模型

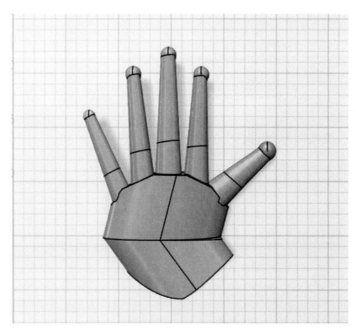

制作完成的机械手模型

【STEP 1】

我们需要使用【Circle】指令画一个半径为 10mm 的圆，然后使用复制和粘贴快捷键画出 3 个圆形，并使用【Scale】指令设置 3 个圆形的缩放比例分别为 0.7，1.2，1。

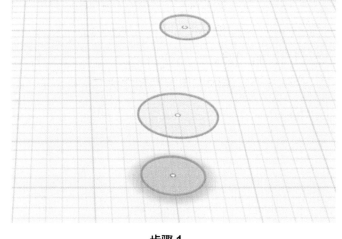

步骤 1

【STEP 2】

对于刚画好的 3 个圆使用【Loft】指令进行放样操作,最后再使用【Scale】中的【nonuniform】设置其 X∶Y∶Z=1.8∶1∶1。

这样就完成了一个手指的基本模型。

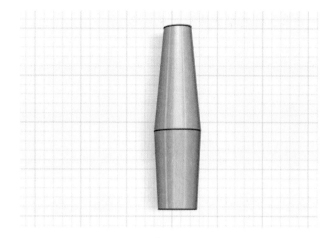

步骤 2

【STEP 3】

根据刚才画好的一个手指,利用复制和粘贴快捷键快速画出五个手指的大概轮廓,随后再逐个调整其缩放比例。具体参考值如下:

大拇指为 X∶Y∶Z=0.7∶0.9∶1。

食指为 X∶Y∶Z=1.6∶0.8∶1。

中指为 X∶Y∶Z=1.4∶1.1∶1。

无名指 X∶Y∶Z=1.3∶1∶1。

小拇指为 X∶Y∶Z=1∶1.7∶1。

这样 5 根手指就基本成型了。

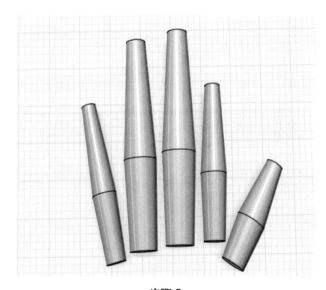

步骤 3

【STEP 4】

使用【Sphere】球体指令画出半径为 10mm 的球,然后利用【Scale】指令设置 5 个球的缩放比例分别为 0.7,1.2,1.2,1,1.3。

这样 5 个手指的指甲就顺利完成了。

步骤 4

【STEP 5】

接下来我们要制作手掌。我们可以先画一个圆，再复制两个在同一平面的圆。接下来利用放样指令。最后再适当调整其缩放比例。

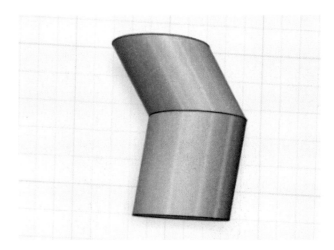

步骤 5

【STEP 6】

利用【Modify】菜单中的【Split Solid】指令对刚才完成的手掌进行适当的切割，使其初步呈现手掌的形状，最后再进行调整和修饰。

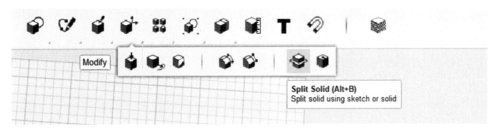

步骤 6

【STEP 7】

把我们完成的手指和手掌通过【Combine】菜单中的【Merge】指令组合在一起，这样我们手的 3D 模型就完成了。

接下来，只需要将保存好的 STL 文件导入 3D 打印机将它打印出来就可以了。最后，别忘记对打印出来的手进行打磨哦。

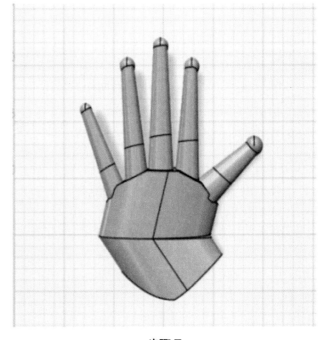

步骤 7

事实上，3D 生物打印机的打印材料是生物细胞，而不是 ABS 塑料。扫描下方二维码，观看视频，了解 3D 生物打印技术，并回答问题。

☺ 观看视频并试着写出生物打印过程中使用的材料。

☺ 视频中介绍的 3D 生物打印技术给我们带来了哪些有利影响？

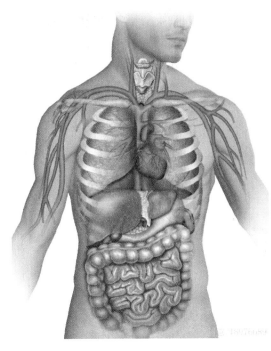

人体模型

现代社会，随着慢性疾病患者增加，器官移植的需求也越来越旺盛。但是，仅仅依靠器官捐赠者的捐赠远远无法解决问题。即使得到器官捐赠，患者还要面临免疫系统的排异反应。为了解决这一难题，科学家们在异种间器官移植、干细胞、3D 打印技术等方面投入大量精力，研究如何治疗疾病或更换出现故障的器官，这也预示着人类即将进入"超人"时代。

目前，3D 打印技术已经能够打印出助听器、义齿、义肢等医疗用品，也能成功应用于手术前的"模拟手术"中。2016 年 3 月，吉林省人民医院的医疗团队运用 3D 打印技术为一名年龄仅 9 个月的复杂先天性心脏病患者成功施行手术。医疗团队以 1∶1 的比例打印出患儿的心脏模型，清晰地再现了孩子心脏内部的精细结构。根据模型，经过详细的研究和论证，最终团队制订出了科学的手术方案。

我们也可以用包括细胞在内的"生物墨水"制作活的组织，这被称作 3D 生物打印。2013 年 11 月，美国一家生物技术公司 Organovo 用 3D 打印机打印出功能正常的肝脏组织，该肝脏组织存活了长达 40 天之久，再次打破该公司于当年 5 月份创造的存活 5 天的纪录。

美国维克森林大学再生医学研究所的研究人员改进了现有的 3D 打印人造器官技术，开发出"组织和器官集成打印系统"。研究人员将 3D 打印人耳、肌肉纤维移植到小鼠身上，一段时间后，这些人造器官组织都成功存活下来，并长出了血管和神经等结构。目前，这项技术还处于早期实验阶段，需进一步完善，希望未来能用患者的细胞打印出真正可用于外科移植手术的人造器官。

我们经常能在新闻或报纸上看到关于 3D 生物打印技术的争论。例如，如何应对人造器官制作费用昂贵的现状和相关的伦理道德问题，如何使目前研发出的人造器官完全适用于人体并终身无排异反应。由此可见，3D 生物打印技术尚不完善，仍然存在很多无法解决的问题。如果制作出了完全适用于人体并终身无排异反应的器官，这会给人类带来哪些变化呢？我们又应如何把控这种人造器官的制作并确保社会的安定呢？

☺ 思考 3D 生物打印技术将会给我们带来哪些不利影响。

☺ 结合 3D 生物打印技术的利与弊，谈谈我们应该如何看待 3D 生物打印技术。

职业探索 3D 生物打印师

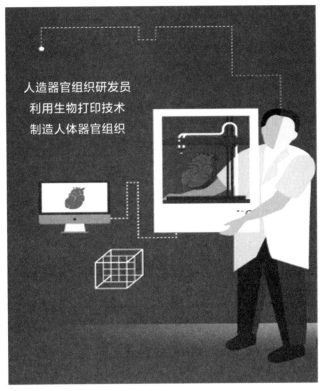

3D 打印工程师（人造器官组织研发员）

3D 打印作为"第四次工业革命"的重要标志之一，正在迅速发展成为生物医学工程中的一项热门研究技术，相关研究已在国内外掀起新一轮研究热潮，国内的各个机构都已充分意识到这项技术的重要意义和远大前景。

其中，3D 生物打印是 3D 打印技术研究的前沿领域，也是 3D 打印技术中最具发展前景的技术。3D 生物打印技术正日益受到人们的关注，3D 生物打印也将成为极具发展前景的行业。

☺ 如果让你创立一家 3D 生物打印公司，你想从事哪些领域的工作？公司需要哪些人员？写下你的想法。

了解 3D 生物打印师所应具备的专业能力，根据各学习阶段的特点制订相应的学业规划和职业规划。

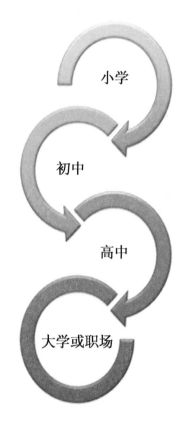

培养对 3D 打印机和相关软件的兴趣，开始接触各种软件。

培养对化学、生物等的研究兴趣。

进入高中学习科学知识。
系统地学习计算机方面的知识。

进入大学学习生物、化学相关的专业，掌握人造组织和构造方面的知识。

小学

初中

高中

大学或职场

升入大学选择 3D 打印相关专业，或者与生命科学、化学工程相关的专业，系统地学习专业知识。

升入大专院校，学习计算机、3D 建模或生命科学等相关知识。

在培训机构里，学习与科学和 3D 建模相关的知识。

取得 3D 生物打印相关证书，注册 3D 生物建模生产许可证，积累工作经验。

进入 3D 生物建模公司，学习相关业务知识。

创立自己的医疗器械公司，为患者量身定制 3D 人造器官，也可以与医院合作。

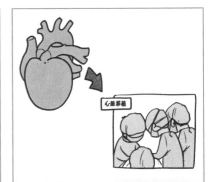

将自己在 3D 生物打印公司中制作的人造器官直接销售给患者。

自我评价与相互评价

评价方法	评价方面	评价内容	评价标准		
			符合	一般	不符合
自我评价	场景导入	能够根据所给的信息判断手的问题。			
		了解手的构造，能够说明建模时应收集哪些关于手的资料。			
	创意设计	在集体自由讨论环节，能够积极地表达自己的想法。			
		能够使用 123D Design 软件为患者绘制手的简易图，并建立 3D 模型。			
		能够绘制出完整的手的设计图。			
		能够有创意地设计手的模型。			
	情感体验	能够与同学分享手的建模过程。			
		能够借鉴其他小组的作品，摸索出本组作品需要完善的部分和具体改善方案。			
	职业规划	能够说出 3D 生物打印师需要具备的基本素养。			
相互评价	情感体验	各小组成员在制作过程中，能够进行团队合作。			
		各小组成员能够准确地说出手的建模过程中应注意的问题。			

☺ 你对与 3D 生物打印相关的职业态度如何？按照自己的想法进行选择。

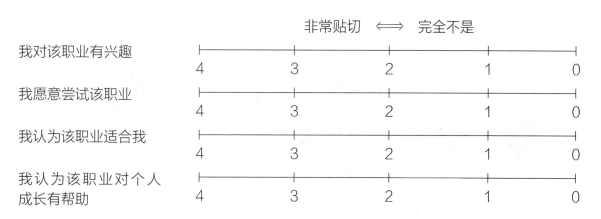

非常贴切 ⟺ 完全不是

我对该职业有兴趣　　　4　　3　　2　　1　　0

我愿意尝试该职业　　　4　　3　　2　　1　　0

我认为该职业适合我　　4　　3　　2　　1　　0

我认为该职业对个人
成长有帮助　　　　　　4　　3　　2　　1　　0

第四课 ▶ 3D 文物修复师

>>>>

课程引言

文物修复师

近年来，由于保管方法不当和管理制度不健全，越来越多的文物出现了不同程度的毁损。文物是古代璀璨文化的印证，是古人留给后人伟大的财富。如今，随着科学技术的发展，那些无法修复的文物将"起死回生"。利用 3D 建模技术及 3D 打印技术能够将受损文物按照原貌进行修复。

通过学习 3D 建模技术及 3D 打印技术，你能成为 3D 文物修复师吗？不妨先利用所学到的技能，尝试修复生活中破损的物品吧。

课程目标

理解文物修复的重要意义。

尝试利用 3D 打印技术修复破损的生活用品。

思考成为 3D 文物修复师所应具备的能力。

树立梦想

//////// 场景导入 1　修复破损的茶杯和底座 ////////////////////////////

优优日记：

我想为给辛劳工作的父母分担家务，进行了家庭大扫除。打扫整理过后，看着一尘不染的房间，心情也变得舒畅起来。父母下班回家后，看到干净整洁的房间，也一定会表扬我的。但是，我在打扫的过程中发现了破损的茶杯和底座，该如何修复破损的茶杯和底座呢？

破损的茶杯和底座

① 有什么方法能够帮助优优修复破损的茶杯和底座？

② 为修复茶杯和底座，优优需要哪些材料及工具？

　　陶器、土器、瓦类和琉璃类工艺品若是遭到化学腐蚀或保管不当，会发生物理性的毁损。为了在修复时保持文物形态，需要充分考虑被保存物品材料的稳定性，在修复过程中需要对其进行特殊处理。

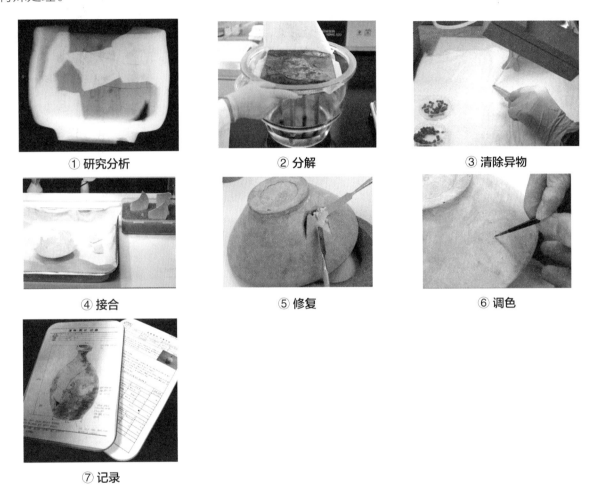

① 研究分析　　　　　② 分解　　　　　③ 清除异物

④ 接合　　　　　⑤ 修复　　　　　⑥ 调色

⑦ 记录

想一想

　　① 为什么要对文物进行修复？
　　② 通过学习文物修复技术，我们能收获什么？

拓展阅读 1　文物为何会毁损消失？

独克宗古城大火

随着时间的流逝，由于各种自然原因，文物的形态会遭受毁损。另外，人们的不恰当行为，也会导致文物遭受到不同程度的破坏。2014 年 1 月 11 日凌晨，云南省迪庆州香格里拉县独克宗古城发生火灾，古城核心区变成废墟，242 栋房屋被烧毁，古城历史风貌被严重破坏，部分文物建筑也不同程度受损，财产损失上亿。

在古建被烧毁这一令人痛心的事件背后，更重要的是增强民众和相关部门保护文物的意识，避免类似的事件再次发生。

我们不仅要妥善保管历史悠久的珍贵文物，对文物的修复工作也同样要重视。

☺ **查找并记录文物遭遇损毁或消失的案例。**

拓展阅读 2　如何利用 3D 打印技术进行文物修复？

2015 年初，千年文物四门塔大修的时候，用到了 3D 打印技术，技术人员利用 3D 扫描仪和高像素数码相机全方位采集古建筑以及雕塑的细节信息，制作出一个逼真程度相当高的虚拟 3D 模型，与文物信息采集技术标准的要求几乎分毫不差，为文物修复保护技术提供了参考。

四门塔文物修复

利用 3D 打印技术修复文物，虽然无法还原当时的价值，但是能够快速并安全地再现文物原本的形态，为科学家的研究带来便利。当然，一些细节的处理还需要手工完成。随着技术的发展，未来有望出现更简单快捷的修复技术。

① 3D 打印技术给传统文物的修复带来了哪些改变？
② 未来文物修复师必备的技能是什么？

探索梦想

创意设计 1　调查文物修复的案例

☺为修复破损的茶杯和底座，查找搜集关于文物修复的案例，如果能够查找到情况相似的案例，将有助于茶杯和底座的修复工作。

准备物品　计算机、3D 打印机、活动纸、书写工具。

Note

- 记录消失文物的名称、消失原因、修复方法等相关资料。
- 将文物图片贴在空白处。

文物名称：_____

消失原因：_____

_____

修复方法：_____

_____

_____

_____

_____

_____

千手观音主尊修复　　　　　　　　　　　3D 打印千手观音模型

在修复文物残缺部位时，传统的工艺是用打样膏或硅橡胶对文物直接取样、翻模，然后对残缺处进行修复。但是在某些特殊的案例中，如修复质地疏松的陶器时，传统的翻模方法便不适合直接在陶器表面进行操作了。

　　用 3D 打印技术修复文物，可以做到在不直接接触文物的前提下，通过三维立体扫描、数据采集、建模、打印等，将复制件及残缺部分打印、复制成型。此类翻模方式不仅节省材料，提高了材料利用率，可快速精准成型，更重要的是避免了翻模时直接接触文物而对文物本体造成的二次伤害。那么，利用 3D 打印技术修复文物，具体又该如何操作呢？

创意设计2　手绘所要修复的物品

☺ **在身边随处可见的日常生活用品中，挑选一件破损的物品，并对物品进行素描。**

破损物品

准备物品　破损的生活用品、计算机、3D 打印机、活动纸、书写工具、直尺、游标卡尺。

📍 **Note** >>>

● 为使建模得以顺利完成，选择结构简单或对称的物品。

● 准确测量转角点及重要部位的数值后，手绘物品。

● 利用比例尺在方格纸上绘制三面投影图。

☺ **绘制破损物品的正面图。**

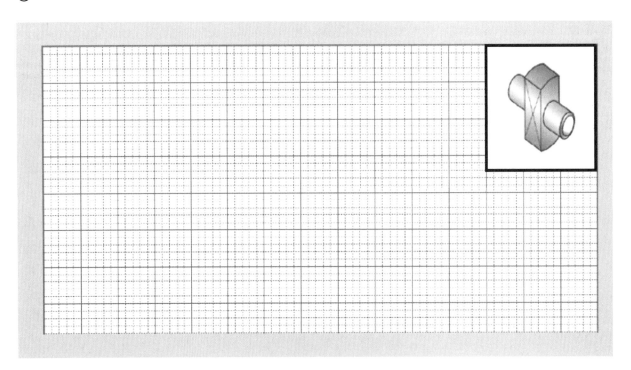

体验梦想

课堂实践 1 为修复物品建模

破损物品建模

Note

- 建模软件的种类有很多，可以选择任意一款熟悉的建模软件。
- 准确测量转角点及重要部位，利用所选的建模软件，完成与实物一致的建模操作。

☺ 打印建模图纸并进行粘贴。

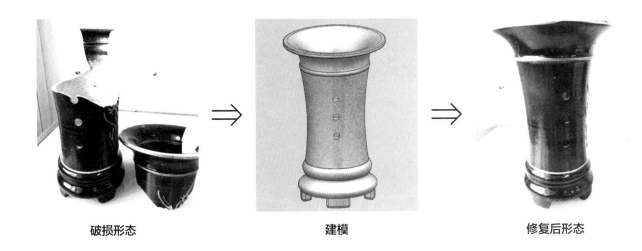

破损形态　　　　　　　　　建模　　　　　　　　　修复后形态

Note

- 完成破损部位的建模并利用 3D 打印机制作破损部位。
- 为缩短打印时间，可适当降低模型的填充率。

☺ **打印修复前后图片及建模图片并进行粘贴。**

＜修复前图片＞	＜建模图片＞	＜修复后图片＞

说明：

说明：

说明：

拓展阅读 什么是逆向工程？

■ 逆向工程的定义

逆向工程是一种能再现产品设计技术过程的技术，即对一项目标产品进行逆向分析及研究，从而演绎并得出该产品的处理流程、组织结构、功能特性及技术规格等设计元素，最终制作出功能相近但又不完全一样的产品。

■ 逆向工程的应用范围

在缺少基础数据及图纸的情况下，运用逆向工程，以数据为基础，能够改进原产品的设计，甚至能够研发全新的产品。逆向工程除了用于研发新产品外，也经常被应用于基本数据的分析及比较。过去，利用激光、遥感技术等非接触式三维测量仪，仅局限于测量物体的主要部位并提取相应的数据；如今，利用 3D 扫描仪和 3D 打印机，可以一次性完成建模和打印制作。

接触式三维测量仪

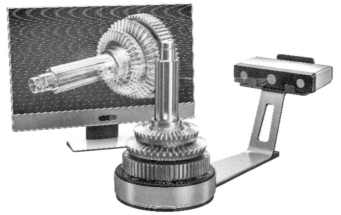
3D 扫描仪

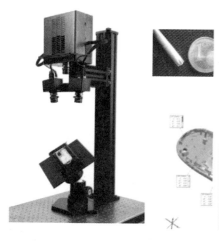

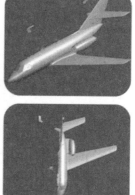

3D 扫描仪的测量与数据收集

■ 逆向工程的修复方法

① 利用激光技术测量椅支架

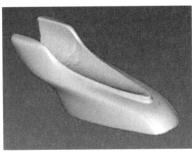
② 将测量数据形象化
（生成 STL 数据）

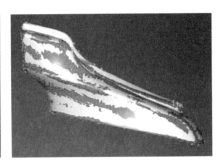
③ 以测量数据为基础，生成表面数据

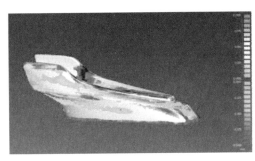
④ 比较分析测量数据及表面数据

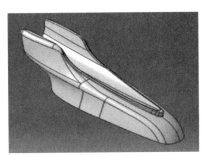
⑤ 生成最终数据

☺ 生活中有哪些物品可以运用逆向工程进行修复？

//////// 课堂实践 3　展示修复过程及方法 ////////

■ 展示修复作品

　　虽然破损物品已经被修复，但是未来还会发生需要修复的状况，为了提高修复工作的工作效率，我们需要归纳总结修复过程及方法。请你与同学们分享你总结归纳的资料。

修复物品名称：_____

破损部位：_____

修复方法：_____

_____

_____

_____

_____

_____

■ **介绍修复过程**

第一阶段		第二阶段		第三阶段	

规划梦想

职业探索　文物修复专家

　　文物修复工作包含了很多学科知识和实用技术。如今，文物修复技术将中国古代的传统工艺和现代科学技术相结合，文物的类别不同，对应的修复方法也不同，修复人员要掌握各方面的知识，结合科学的保护措施灵活运用修复技术。

《我在故宫修文物》是一部描写故宫书画、青铜器、宫廷钟表、木器、漆器、百宝镶嵌、宫廷织绣等稀世珍宝的修复过程以及修复师生活的纪录片，自 2017 年 1 月播出以来，就收获了无数好评。这部纪录片不仅展示了文物从"破败残损"到"熠熠生辉"的过程，更传达了修复师们"择一事，终一生"的匠人精神。

《我在故宫修文物》海报与剧照

　　纪录片用一种年轻人的视角望进古老故宫深处，通过文物修复的历史源流、"庙堂"与"江湖"的互动，近距离展示了稀世珍宝的"复活"技术。观众也进一步了解了文物修复师的日常生活与修身哲学。纪录片通过展现文物修复技艺的薪火相传，人与物的相互陶冶、丰润与传承，道出了"文物医生"和他们的"文物复活术"的故事。

想一想

　　① 文物修复师具体从事什么工作?
　　② 调查 3D 文物修复师工作的具体内容。

所有产品在上市销售之前，都需要进行完整的质量检验。在电子制造行业，通常会用三维测量仪进行产品检测，以确保最终的合格率达标。

三维测量，顾名思义就是对被测物进行全方位测量，确定被测物的三维坐标测量数据。其测量原理分为测距、角位移、扫描、定向四个方面。根据三维技术原理研发的仪器包括拍照式（结构光）三维扫描仪、激光三维扫描仪和三坐标测量机三种测量仪器。

三维测量仪

三维测量仪的探头

一维测量方式（直线）：钢尺、千分尺、高度卡尺、千分表。

二维测量方式（平面）：显微镜、测量投影仪。

三维测量方式（空间）：三维测量仪、缩放仪。

三维测量仪不仅能够测量复杂的物体，而且操作方法简单，应用范围广泛。此外，三维测量仪可以实时生成测量数据，因此常应用于产品质量检测环节。但三维测量仪也不是完美无缺的，它存在操作难度大，机器对温度、振动等环境因素过于敏感等缺点。

学习文物相关的基础知识。

学习建模知识。

能够自主学习关于文物材料、外观等相关内容。

通过多种实践活动，学习文物修复相关的专业技能。

就职于博物馆，提升自身技术水平。

实地参观考察不同现场，积累经验。

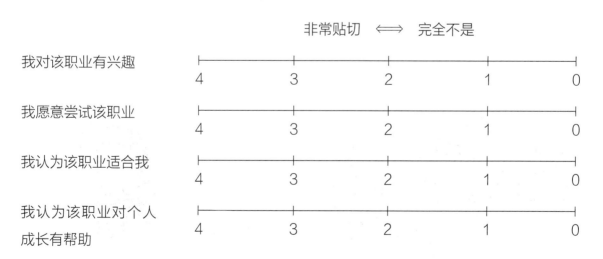

自我评价与相互评价

评价 方法	评价 环节	评价内容	评价标准		
			符合	一般	不符合
自我 评价	创意 设计	能够搜集国内外消失文物相关的资料并进分析与总结。			
		能够运用逆向工程原理对破损生活用品进行修复。			
	情感 体验	能够以积极的态度参与课堂活动。			
		能够展示生活用品的修复方法与过程。			
	职业 规划	能够设计职业规划。			
		能够认真思考本人性格与 3D 文物修复师的匹配程度。			
相互 评价	情感 体验	能够充分说出作品修复过程及其相关知识，并准确表达本人观点。			

☺ 思考 3D 文物修复师与自己职业规划的匹配程度，按照自己的想法在下表中进行标记。

非常贴切 ⟷ 完全不是

我对该职业有兴趣

4　　　3　　　2　　　1　　　0

我愿意尝试该职业

4　　　3　　　2　　　1　　　0

我认为该职业适合我

4　　　3　　　2　　　1　　　0

我认为该职业对个人
成长有帮助

4　　　3　　　2　　　1　　　0

第五课 ▶ 3D 视觉设计师

课程引言

3D 打印模型

3D 打印积木模型块

如果可以拥有一支魔法棒,在空中轻轻一划,就能够实现心中所想,你最想要变出什么呢? 现在,一台 3D 打印机也许就可以实现你的全部创意。

我们首先要了解 3D 立体模型的基本操作方法,利用 3D 打印机共建梦想家园。接下来,我们将为你打开一扇新世界的大门——3D 视觉设计。

课程目标

了解 3D 打印技术及 3D 视觉设计师所从事的工作。

学习 3D 打印机的运作原理,利用 3D 打印机设计室内空间。

制定 3D 视觉设计师的职业规划。

树立梦想

　　以下为利用3D拼图制作的世界各国标志性建筑物，从视觉角度观察建筑物的2D图片与3D模型，有哪些不同的感觉？如果建筑师在设计建筑物时，按照平面设计图展示建筑物的立体形态，会产生什么效果？

印度泰姬陵

澳大利亚悉尼歌剧院

英国伦敦泰晤士河塔桥

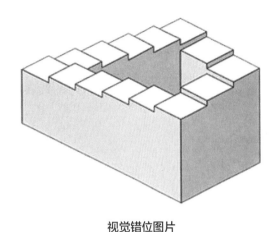

视觉错位图片

埃舍尔的作品

请思考,以上两张图中的最高点在哪里? 这两张图有最高点吗?

右上图为荷兰版画家埃舍尔的作品。他以几何原理和数学概念为基础,在二维平面的基础上展现三维立体空间。

连点成线,聚线成面。那么面与面的结合,又将会形成何种效果呢? 答案就是"立体图形"。

线属于一维,面属于二维,面与面的叠加构成"三维"。换言之,2D 是指横向与纵向组成的二维平面图形,3D 是指具备横向、纵向与高度的三维立体图形或空间。

二维世界就如同平面纸张一样,是平面的世界。我们生活的世界是三维立体空间。

拓展阅读 裸眼 3D 时代已经到来

近期,优秀 3D 动画电影层出不穷。相比 2D 动画片,3D 动画片究竟有哪些特别之处呢? 我们一起来探索其中的奥秘吧!

2D 动画

3D 动画

首先，用计算机软件绘制出一个虚拟世界，再设定 3D 立体模型及人物角色的运动轨迹，这就是大家所看到的 3D 动画片。

2D 动画由画师手工描绘出图片中每个动作的变化，而 3D 动画则由计算机制作完成。

2D 动画由画师手工绘画表现动作的变化

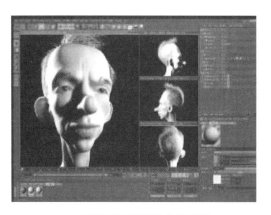

利用 3D 软件给角色建模

利用计算机软件，可以将 2D 设计制作的角色立体化，并设计出符合故事情节的各个画面。还可以利用相关应用程序为立体模型建立角色骨架，使其能够移动。

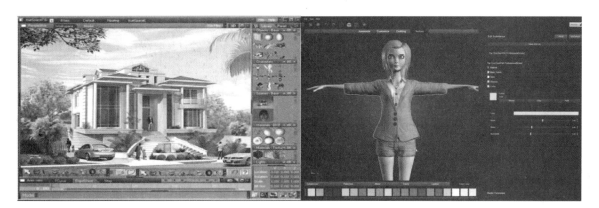

利用数字故事板工具描绘出符合故事情节的画面　　　　　　　　**角色建模**

制作完成的 3D 动画中出现的所有角色、事物和背景，都是由三维立体形态表现的。3D 动画使每一个场面都栩栩如生，增加了故事的真实感。

3D 动画角色

3D 动画场景

创意设计 设计独特的花瓶

想一想

① 3D 图形由哪些元素组成?

② 3D 图形与 2D 图形的区别是什么?

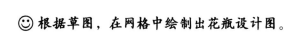

☺ 绘制花瓶草图。

☺ 根据草图,在网格中绘制出花瓶设计图。

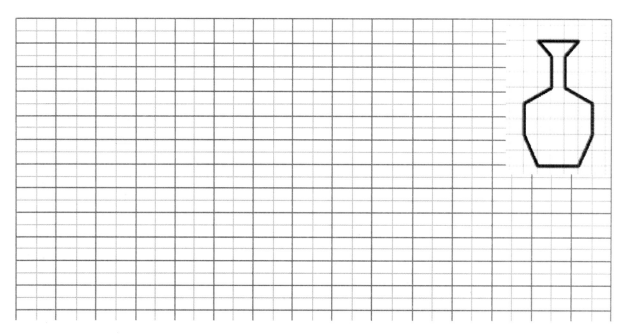

拓展阅读　3D 打印机与生活

　　传统打印机利用墨水在纸张上完成印刷，3D 打印机则利用多种材料完成制作。3D 打印机利用计算机程序设计 3D 建模，或者通过三维扫描仪，将固态数据一层一层黏合叠加，以机械层压的方式完成物体的制作。

　　据专家预测，3D 打印技术不仅会给制造业带来巨大的影响，还会给日常生活带来翻天覆地的变化。比如，人们需要一双鞋，当然可以去商场购买，但是运用 3D 打印技术，在家便可以制作出自己喜欢的鞋。

　　3D 打印机的应用并不局限于服装领域，它还在生活用品、手办模型、美食餐饮、医疗、艺术、建筑等多个领域以不同形态发挥着重要的作用。

　　目前，德国已经掌握了利用 3D 打印机制作人工血管的技术。英国某大学也利用 3D 打印机制作出了最高时速达 160km 的无人机。由此可见，3D 打印技术正在腾飞。

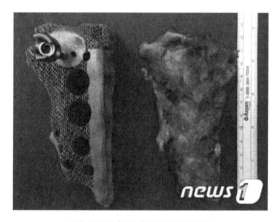
利用 3D 打印机制作的骨盆

利用 3D 打印机制作的无人机

　　☺运用 PMI 思维方法整理总结 3D 打印机技术为生活带来的改变。（P：优点，M：缺点，I：兴趣点）

P	M	I

☺ 预测 3D 打印技术可能会带来的问题，总结并记录这些问题。

☺ 如何解决这些问题？

① 3D 打印技术给生活带来的积极影响是什么？
② 3D 打印技术给生活带来的消极影响是什么？

体验梦想

课堂实践 1　制作花瓶模型

【STEP 1】

打开 123D Design 软件，点开【Primitives】菜单，然后选择【Circle】圆面，并输入圆的半径【Radius】为 10mm。

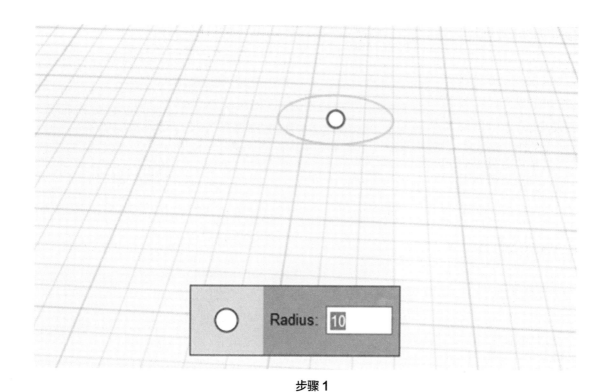

步骤 1

【STEP 2】

选择草图【Sketch】中的多线段直线【Polyline】指令，在圆面上绘制尖角。

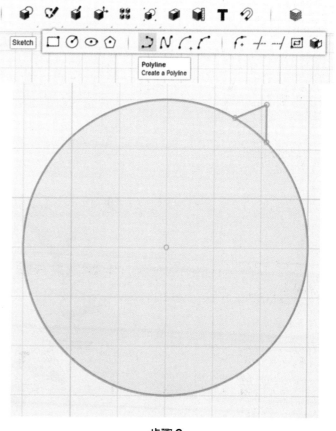

步骤 2

【STEP 3】

选择修改【Construct】中的拉伸【Extrude】选项，拉伸1mm。

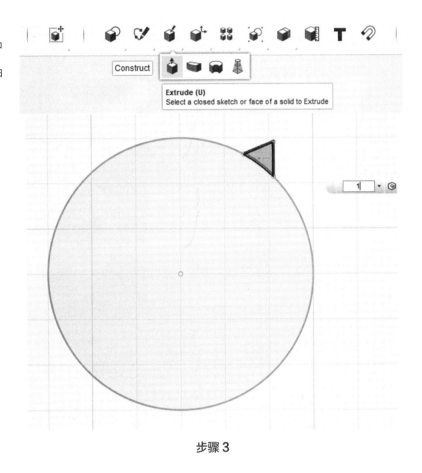

步骤 3

【STEP 4】

选择阵列【Pattern】中的环形阵列【Circular Pattern】，【Solids】选择尖角，【Axis】选择圆形，这样就有了20个尖角。

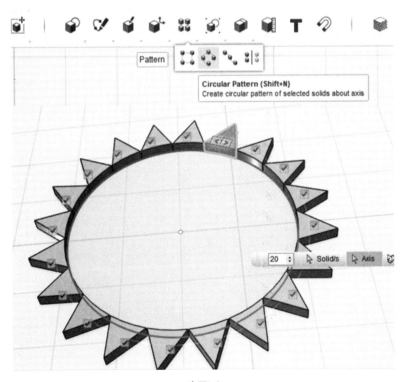

步骤 4

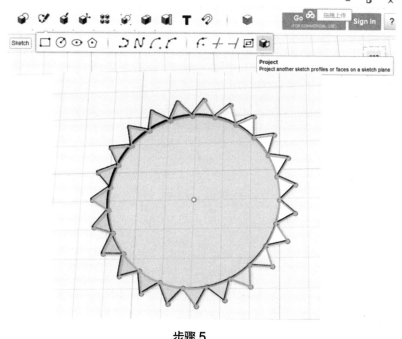

【STEP 5】

选择草图【Sketch】中的投影【Project】指令，选择绘制的全部实体进行投影。

步骤 5

【STEP 6】

隐藏实体并剪掉多余线条。

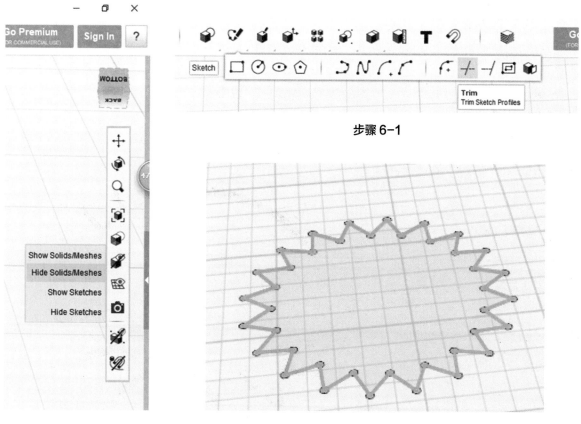

步骤 6-1

步骤 6-2   步骤 6-3

【STEP 7】

复制俯视图，塑造花瓶曲线。

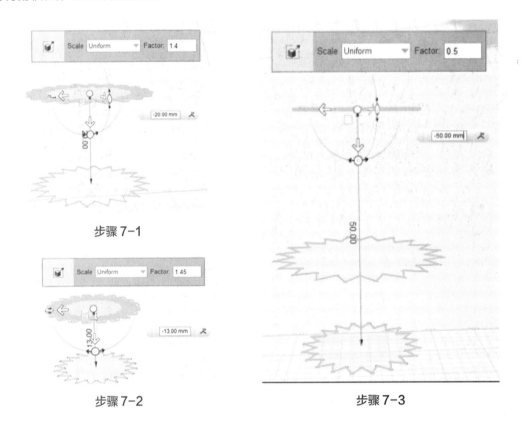

步骤 7-1

步骤 7-2

步骤 7-3

【STEP 8】

放样和抽壳。

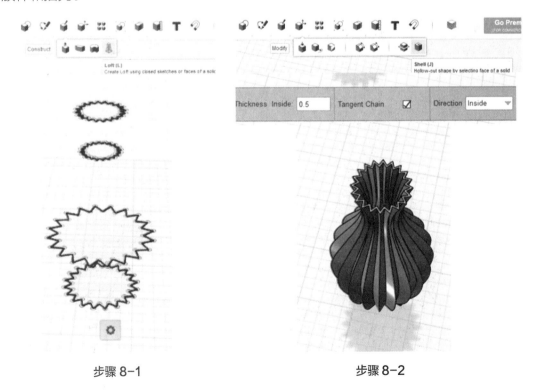

步骤 8-1

步骤 8-2

这样，我们的花瓶模型就制作好了。

接下来，只需要将保存好的 STL 文件导入 3D 打印机将它打印出来就可以了。别忘记对打印好的花瓶进行进一步的打磨哦！

花瓶模型

课堂实践2 设计你的"梦想之家"

Note >>>

- 利用 123D Design 软件建立"梦想之家"模型。
- 用 3D 打印机制作这个模型。

☺ **记录"梦想之家"的构造、特征、形态等。**

☺ **与同学们分享、交流"梦想之家"里需要的物品，在下方写出你的室内设计方案。**

书房	厨房		卫生间
• 书架	• 餐桌		• 浴缸
• 书桌			• 洗漱台
• 相框	客厅		
儿童书房	• 沙发		卧室
• 书桌	• 运动器材		• 床
• 椅子	• 电视机		• 梳妆台

☺ 选取"梦想之家"的一处空间，利用 3D 打印机制作配套家具或装饰物。

"梦想之家"模型

☺ 思考 3D 打印机的利与弊。

☺ 3D 打印机适用于哪些领域?

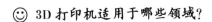

① 3D 立体效果的优点是什么?
② 如何利用 3D 打印机进行创作?
③ 3D 视觉设计师应具备何种能力及职业素养?

规划梦想

感悟分享　什么是 3D 视觉设计师？

☺ **大家听说过"3D 视觉设计师"这一职业吗？**

未来学家托马斯·弗雷在预测 3D 打印技术产业的发展趋势时，提出了基于这一发展前景出现的职业——3D 视觉设计师。

将 2D 平面图形转换为 3D 立体形态就是 3D 视觉设计师所从事的工作。例如，利用计算机应用软件，使 2D 平面素描呈现出 3D 立体的效果，这便是 3D 视觉设计师负责的工作。

3D 视觉设计师

☺ **3D 视觉设计师都从事什么工作？**

3D 视觉设计师利用计算机应用软件，将 2D 平面图形以 3D 立体模型的形态展示。3D 打印技术涉足建筑、装修、生物技术、电影等众多领域，通过 3D 建模，完成物体 3D 立体模型的设计或制作。3D 打印技术的优势在于物品制作完成前就可以预知其立体形态，设计师能对要制作的物品不断改进工艺，保证成品的质量。

记一记

一名合格的 3D 视觉设计师，必须具备一定的空间想象能力。接下来，请大家亲自动手，做一回 3D 视觉设计师吧！

第 1 阶段：确定故事发生的背景
可以选择现有的故事，也可以改编故事情节，或者编写新的故事作为背景。

题目：

⇩

第 2 阶段：以立体形式呈现故事主要情节
设想故事中出现的情景场面，为使故事场景能够呈现立体效果，构思具体的制作方案。

 需要使用哪些材料？如何能更好地呈现立体效果？如何营造故事场景？

第 3 阶段：利用 3D 打印机及多种材料设计空间背景
按照小组讨论的结果，利用 123D Design 软件设计模型，将故事的主要情节以立体形式表现出来。

第 4 阶段：介绍并分享作品

向其他同学介绍并展示本组的作品，观赏其他小组的作品并互相评价，提出修改建议。

☺ **利用 3D 打印机亲自动手制作，并分享你的心得体会。**

☺ **3D 视觉设计师应具备哪些能力？**

☺ **3D 视觉设计师能够从事哪些领域的工作？**

想一想

① 3D 立体效果为我们的设计带来了哪些便利？

② 如何利用 123D Design 软件和 3D 打印机进行创作？

③ 3D 视觉设计师应具备何种能力及职业素养？

　　了解 3D 视觉设计师需具备的能力及专业素质，并根据各学习阶段的不同特点制定配套的职业规划。

美术课上，运用多种方法进行室内设计。

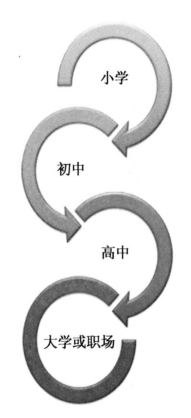

小学

初中

高中

大学或职场

参观 3D 动画博览会或 3D 相关的展示会。

取得 3D 建模相关资格证。

取得 3D 设计相关的资格证。

运用 3D 打印技术，可自由地对产品进行修改。

根据 3D 视觉想象，进行 3D 空间的设计。

在大学学习与 3D 设计或计算机相关的专业。

在职业高中，学习与 3D 设计或计算机相关联的知识。

在设有 3D 设计或计算机课程的培训机构学习相关知识。

取得计算机等级证书，参加 3D 建模或 3D 设计征集赛，积累学习经验。

就职于 3D 动漫公司，成为 3D 设计师。

利用 3D 打印机完成作品前，通过 3D 视觉想象，可自由地对产品进行修改，确保产品质量。

3D 立体空间设计适用于教育、历史、游戏等诸多领域。

自我评价与相互评价

评价方法	评价环节	评价内容	评价标准		
			符合	一般	不符合
自我评价	创意设计	能够利用不同框架体系展现三维立体效果。			
		能够掌握3D打印机的工作原理，并制作立体作品。			
		能够利用3D打印机进行室内设计。			
	情感体验	能够说出3D打印技术的利与弊，并思考3D打印技术为日常生活带来的积极变化及消极影响。			
		能够将故事中的主要情节以立体形式呈现。			
	职业规划	能够说出3D视觉设计师所需的资质，并能够设计职业规划。			
相互评价	情感体验	能以团队合作的形式，利用3D打印机进行室内设计。			

☺ **联系自身实际情况，谈谈你对3D视觉设计师的看法。**

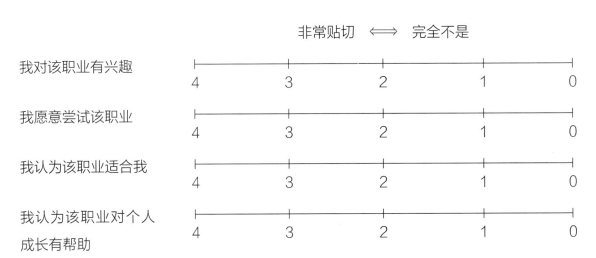

第六课 ▶ 3D 玩具设计师

>>>>

课程引言

利用 **3D** 打印机制作出的玩具

　　自己喜欢的动物或者植物、拯救地球的动漫英雄、动画片中出现的各种各样的角色……如果能够亲手制作这些动画角色，是不是一件让人兴奋的事情呢？亲手制作动画片中出现的小熊、钢铁侠、会喷火的龙，制作过程一定是神奇的体验。

　　那么，我们该如何来制作出自己喜欢的玩具呢？为了解其制作原理，我们可以尝试利用小颗粒积木制作玩具，一起来动手试一试吧！

课程目标

　　了解 3D 玩具设计师所从事的工作内容。

　　利用 3D 打印技术制作玩具。

　　体验 3D 玩具设计师的工作，制定职业规划。

95

场景导入　玩具模型

　　数学课上，我们学习了各种不同的图形。颗粒积木玩具是利用立体图形组成的玩具。根据设计图，我们可以将众多大小不同、外形各异的小颗粒积木块依次堆叠成不同的玩具。接下来，请仔细观察颗粒积木玩具的外部形态。

小颗粒积木玩具

　　可爱的小熊、帅气的钢铁侠以及无所不能的超人，这些玩具都是按照设计图从底部的底板开始，层层堆叠积木制作而成的。因此，在组装积木之前必须先设计好玩具的外形，绘出设计图纸，并用计算机软件制作出立体的玩具模型图片。

记一记

拓展阅读　如何制作 3D 玩具?

　　3D 打印机能够制作出独一无二的玩具。只需对相关软件参数稍加设置就能打造出独一无二的玩具。如果你对发明创造感兴趣，就让 3D 打印机助你一臂之力吧!

　　你喜欢的玩具有没有发生过破损或者丢失的情况呢? 现在，不必再担心这种情况的发生，利用 3D 打印机能够制作出玩具缺损的部分并修复玩具。玩具不仅仅是玩具，也是一个能陪伴你一生的伙伴。

3D 打印机制作的齿轮

挑战制作新玩具。我们常吃的水果、蔬菜和 3D 打印出的组件组合后甚至能成为新的玩具。现在，你对玩具的制作有没有产生新的想法呢？

3D 打印蔬菜玩具

想一想

说说你最喜爱的玩具。

除了水果、蔬菜外，还可以利用哪些材料结合 3D 打印机制作玩具？

探索梦想

创意设计　设计自己的玩具模型

☺ 开动脑筋设计一款属于自己的玩具模型，并填写思维导图。

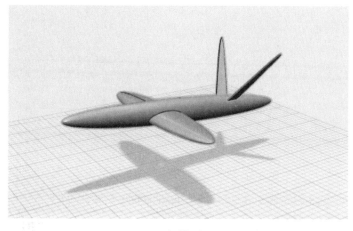

飞机模型

想要制作哪种形态的玩具?			玩具模型有怎样的外形特征?
	设计独一无二的玩具模型		
为自己的玩具模型描绘设计草图。			设计玩具模型时的注意事项有哪些?

体验梦想

课堂实践　制作玩具飞机模型

【STEP 1】

打开 123D Design 软件,点开【Primitives】菜单,然后选择球体【Sphere】工具,并且输入圆的半径【Radius】为 10mm。

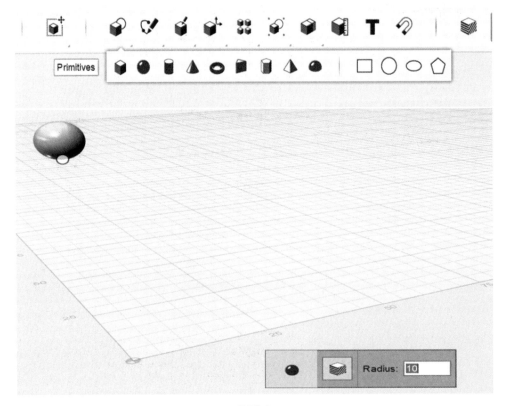

步骤 1

【STEP 2】

左键单击球体，选择缩放【Scale】指令，选择【Non Uniform】选项。在【Factor】选项中设置缩放比例为 X：Y：Z=1：10：1。

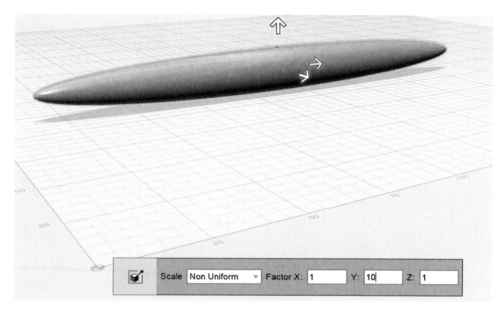

步骤2

【STEP 3】

画一个球体，然后使用【Scale】指令设置缩放比例为 X：Y：Z=7：1.5：0.5，用鼠标左键长按物体使之移动到适当位置。

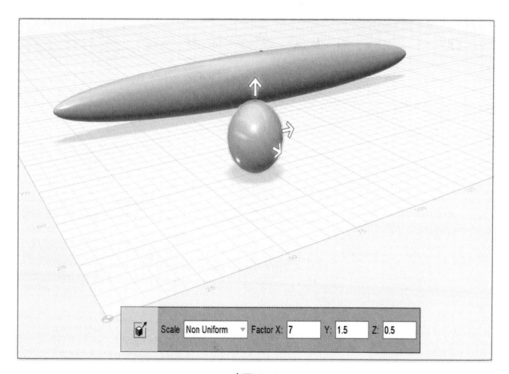

步骤3-1

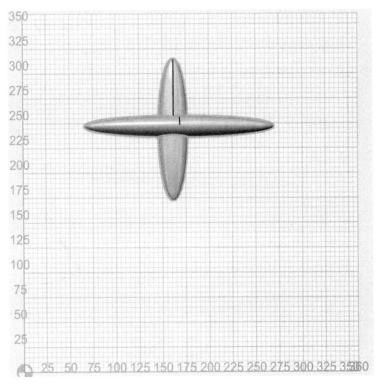

步骤 3-2

【STEP 4】

使用【Move】指令，使机身有一定的倾斜角度，然后点击【Combine】中的【Merge】指令，选中机身，再选中机翼，使它们成为一个整体。最后再使飞机整体上升25mm的高度。

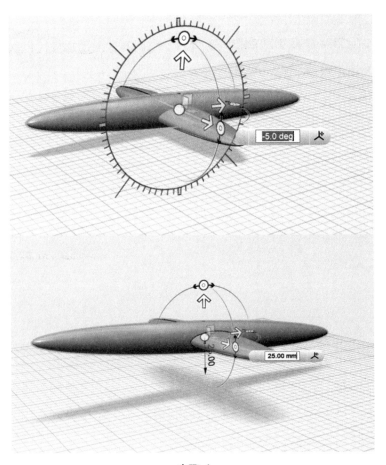

步骤 4

【STEP 5】

用【Sketch】中的【Spline】指令画一个尾翼的平面图，再使用【Construct】中的【Extrude】指令拉伸2mm，使它成为尾翼的一部分。

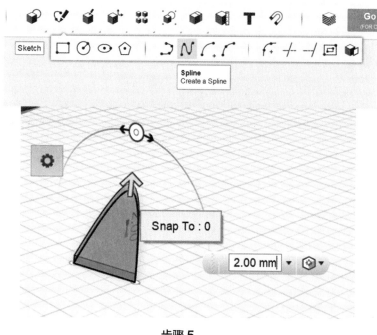

步骤5

【STEP 6】

使用镜像工具来画出另一部分尾翼。先在机身的正下方画一条直线，然后使用【Pattern】中的【Mirror】指令画出对应的尾翼。

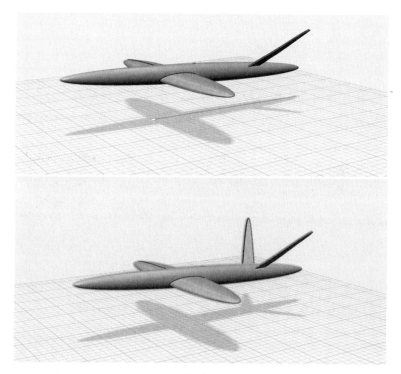

步骤6

最后，别忘了把直线删除哦！这样我们的飞机模型就制作完成了。

接下来，只需要将保存好的STL文件导入3D打印机并打印出来就可以了。别忘记对打印好的小飞机进行进一步的打磨哦！

① 你学会制作飞机玩具模型了吗?

② 模仿以上步骤，你还可以制作出怎样的玩具模型?

规划梦想

///// 感悟分享　分享体验 3D 玩具设计师的感想 /////

☺ 交流分享制作玩具的经验。

评价自己设计的玩具	
评价的依据	
设计立体玩具时的注意事项	

☺ 拍摄自己制作的玩具模型，并将照片粘贴到下方。

<粘贴处>

☺ 需要具备哪些能力才能成为 3D 玩具设计师?

职业探索1 了解 3D 玩具设计师

玩具设计师是指从事玩具产品和玩具类儿童用具创意开发、设计、制作等工作的人员。3D 玩具设计师是利用计算机程序制作各种不同形状的 3D 玩具的职业。

利用计算机程序制作玩具的过程叫作"建模"。3D 玩具设计师开发并销售建模程序软件，借此从中获取收益。

与普通玩具不同的是，只要对 3D 打印玩具的设计程序稍加改动，便能制造出世界上独一无二的玩具，这就是 3D 打印玩具无可替代的优点。

用于制作 3D 打印玩具的计算机应用软件

记一记

职业探索2 怎样成为 3D 玩具设计师？

设计和 创意	能够以绘画的形式表现构思的内容。
	能够洞悉人们所感兴趣的事情。
	能够将平面图变成立体图。
	运用富有创意的表现手法。
掌握计算机 程序的操作	利用计算机应用程序将构思的内容转化成文件。
了解 3D 打印	了解 3D 打印的原理和使用方法等相关内容。
	打印使用的材料不同，制作出的物品也不同，所以需要提前熟悉打印材料。

如果你想成为 3D 玩具设计师，请根据各学习阶段的不同特点设计职业规划。

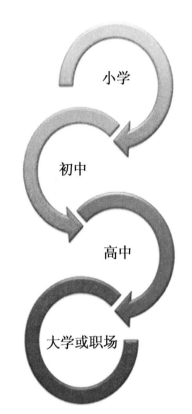

学习与设计相关的软件或应用
程序。

学习与设计相关的软件或应用
程序。

在计算机工程系学习与设计相
关的软件或应用程序。

在大学学习与设计、计算机相关的专业。

在职业高中学习设计及计算机相关知识。

在培训机构学习计算机或者设计相关知识。

努力学习并取得计算机等级证书，参加玩具设计征集大赛，可以帮助提高专业能力。

进入玩具公司，推进业务工作。

创立自己的公司，将玩具设计方案卖给玩具公司。

创立玩具公司，生产多种3D打印玩具并进行销售。

自我评价与相互评价

评价方法	评价环节	评价内容	评价标准		
			符合	一般	不符合
自我评价	创意设计	能够根据设计图制作出飞机玩具。			
	情感体验	能够掌握 3D 打印原理。			
		能够熟练进行飞机模型的建模。			
		能够制作 3D 模型飞机。			
	职业规划	能够积极地参与活动。			
相互评价	情感体验	小组成员能够利用思维导图制作新玩具。			

☺ 你对 3D 玩具设计师这一职业的态度如何？结合你的实际情况进行判断。

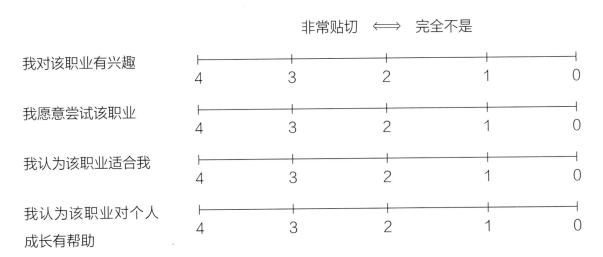

非常贴切 ⟷ 完全不是

我对该职业有兴趣
4　　　3　　　2　　　1　　　0

我愿意尝试该职业
4　　　3　　　2　　　1　　　0

我认为该职业适合我
4　　　3　　　2　　　1　　　0

我认为该职业对个人
成长有帮助
4　　　3　　　2　　　1　　　0

第七课 ▶ CNC 切割工程师

>>>>

课程引言

■ 什么是 CNC 切割?

雕刻文字

雕刻艺术品

观察这些图案,想一想,如何制作这样的雕刻作品?

课程目标

掌握 CNC 的定义、应用和优势。

了解 CNC 切割的工具,利用相关软件完成印章的 CNC 切割。

关注 CNC 的发展前景。

场景导入 CNC 切割技术

CNC 切割技术

CNC 切割技术的全称为 CNC Cutting Machine，又称数控等离子切割或火焰切割机。应用 CNC 切割技术可以将钻石、水晶等天然矿物的表面切成多面体，从而使之在光的照射下折射出非常绚烂的效果。CNC 切割技术常常被用于高档饰品加工，施华洛世奇水晶就是采用了该项技术与手工切割、半自动切割等相比，CNC 切割能够有效提高效率、质量及产能。

☺ **CNC 切割技术可以用在哪些方面？**

随着雕刻行业的飞速发展，CNC 切割技术日趋成熟，其应用范围也越来越广。目前，CNC 切割技术应用于木工、模具、广告雕刻、石材雕刻、工艺品等多种行业。

① 结合你对 CNC 切割技术的理解，观察生活中哪些物品使用了 CNC 切割技术？
② 如果让你使用 CNC 切割技术完成一件工艺品，需要用到的材料及工具有哪些？

拓展阅读 1 CNC 切割与激光雕刻的区别

激光雕刻和 CNC 切割在所利用的能源上有根本区别。激光雕刻是由激光器发射激光，经由光路系统，聚焦成高功率密度的激光束对物体进行切割。CNC 切割是使用高功率的刀具对物体进行切割。

	CNC 切割	激光雕刻
优点	① 速度快，效率高 ② 可以进行异面切割	① 精度高 ② 不易变形 ③ 功耗相对较小 ④ 无噪音
缺点	① 工作噪音较大 ② 切割时会产生飞屑，需及时清理 ③ 目前只支持大部分刚性材料，弹性材料切割效果暂不理想	① 速度相对较慢，较难兼顾速度与精度 ② 误操作会存在安全隐患，影响视力或被灼伤

CNC 切割手机屏幕

激光雕刻工艺品

CNC 切割和激光雕刻最主要的区别在哪里？

拓展阅读 2　CNC 切割技术在陶瓷行业的应用

■ **陶瓷工艺的历史**

　　China 一词又有"瓷器"的含义。在中国，制陶工艺的产生可追溯到公元前 4500 年至公元前 2500 年的时代。可以说，中国发展史的一个重要组成部分就是陶瓷发展史，中国人在科学技术上的成果以及对美的追求与塑造，在许多方面都是通过陶瓷制作来体现的，并逐渐形成各时代非常典型的技术与艺术特征。

陶瓷

■ 陶瓷加工工艺存在的问题

陶瓷有尺寸和表面精度要求，但由于烧结收缩率大，无法保证烧结后瓷体尺寸的精确度，因此烧结后需要再加工。

陶瓷材料有高硬度、高强度、脆性大的特性，属于难加工材料。

陶瓷加工的方式主要有机械加工和激光加工。受材料特性限制，陶瓷机械加工存在加工效率低、加工良率低的特性。激光加工是非接触式加工，效率很高，缺点是投入比较高，激光机价格比较贵。

■ CNC 切割助力陶瓷工艺难题（以手机陶瓷后盖为例）

借助 CNC 切割，采用复合加工工艺，先用激光切割进行摄像头圆孔开粗，再用 CNC 按产品尺寸完成精加工。两种工艺相互配合，大大提高了陶瓷加工效率和加工良率。

手机陶瓷后盖

拓展阅读3 全面屏时代，CNC 如何重新洗牌？

在手机同质化严重、颜值当道的今天，手机的外观也是产品热销的关键。在智能手机市场拼"颜值"的时代，如何收获市场的持续关注？我们一起来看市场的选择：

2017 年 9 月 13 日，三星公司在手机发布会上推出了全面屏手机。

2017 年 9 月 28 日，金立公司在泰国发布全面屏手机。

2017 年 10 月 16 日，华为公司发布全面屏手机。

非全面屏手机　　　　　　　　　　　全面屏手机

　　全面屏加工对 CNC 精度、对焦、定力及自动化都提出了更高的要求，这些都会在切割完成之后的强度上体现出来。全面屏的爆发无疑对整个 CNC 行业将产生巨大的影响。

　　传统切割主要是指沿直线切割，异形切割是指切割出不规则形状或圆角矩形。全面屏边框较窄，不利于手机面板和整机的布线，所以需要使用异形切割实现高密度布线。因此全面屏加工对 CNC 自动化提出了更高的要求。全面屏未来的需求一旦上量，为了提高生产效率，节约成本，CNC 加工必须是全自动化生产。

想一想

　　CNC 工艺给我们带来了哪些便利？

探索梦想

////// 创意设计　　CNC 印章建模 //////////////////////////////////

　　如果让你设计自己的印章，你想要怎样设计？思考下列问题，开展集体讨论，构思设计印章的方法。

利用 CNC 技术制作与众不同的印章					
序号	色彩	形态	设计	模式	独特之处
1					
2					
3					
4					
5					

 记一记

体验梦想

课堂实践：利用 123D Design 进行印章的建模

【STEP 1】

选择文本，点击网格，输入编辑的内容。

Text

Text	你的名字
Font	华文细黑
Text sty...	**B** *I*
Height	10.00 mm
Angle	90.0 deg

✓ OK   ✗ Cancel

步骤 1

【STEP 2】

选择编辑好的文本，点击构造【Construct】，再点击拉伸【Extrude】，把文本从二维图形拉伸成三维立体图形，拉伸（　　　）mm。

※ 在括号中填写拉伸距离。

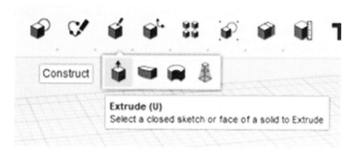

步骤 2

【STEP 3】

制作印章主体，做一个方形的印章，选择基本体【Primitives】，选择长方体【Box】，长方体的长为（　　　）mm，宽为（　　　）mm，高为（　　　）mm。

※ 在括号中填写长方体的长、宽、高。

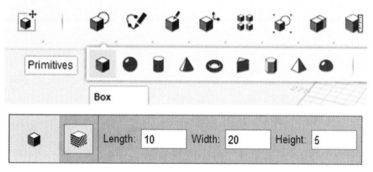

步骤 3

【STEP 4】

点击软件右上角的【视觉立方体】中的【TOP】，旋转视角。

步骤 4

【STEP 5】

选择基本体【Primitives】中的圆形【Cricle】，圆形的大小为（　　　）mm。

※ 在括号中填写圆的半径。

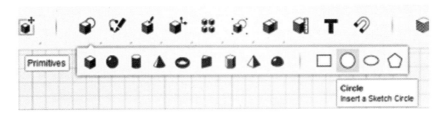

步骤 5

【STEP 6】

选择并复制粘贴圆面，上移（　　　）mm，调整比例为（　　　），完成步骤 6-1 所示在竖直平面上的三个圆。

※ 在括号中填写第二个和第三个圆上移的距离和调整比例的数值。

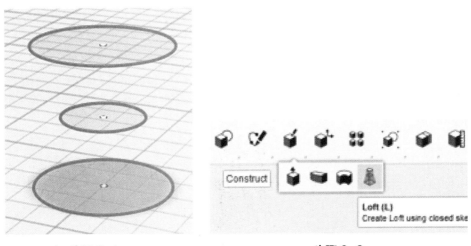

步骤 6-1　　　　　　　　　　　　步骤 6-2

【STEP 7】

对二维图形进行放样。按住【Shift】键从上至下（或从下至上）选择圆面，松开，点击构造【Construct】。

步骤 7

【STEP 8】

选择基本体中的半球体，半径与放样的上圆面一致，合并球体与拉伸的手柄。

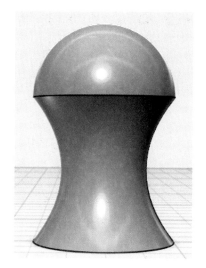

步骤 8

【STEP 9】

合并印章形成整体，按你的喜好修改材质和颜色。

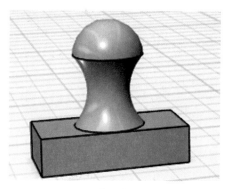

步骤 9

【STEP 10】

注意吸附文字的时候要从正面吸附，因为印章的文字应该是镜面的，这样印出来的才是正面的文字哦！

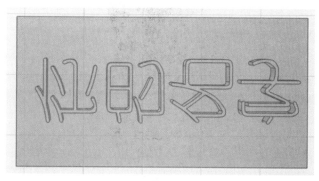

步骤 10

规划梦想

感悟分享　分享交流使用 CNC 技术的相关感受

在创意设计环节，同学们使用 CNC 技术制作了印章，在创作过程中遇到了哪些困难，在实践过程中产生了哪些灵感，快来和同学们一起交流分享一下自己在创作过程中的想法或者感受吧！

☺ 展示一下你的作品吧！

☺ 写下你的作品设计理念吧！

☺ 你在创作过程中遇到了哪些困难？

☺ 你还希望利用 CNC 技术制作什么物品？

☺ **通过本节课的学习，你掌握了哪些与 CNC 技术相关的知识？**

职业探索 与CNC加工有关的职业

生产实践中利用数控机床操作的优势很多，近些年随着计算机、编程技术的发展，以前不能生产的或者生产质量很差的产品现在都可以利用数控技术来实现生产，人们开始大量利用数控机床，推动了数控机床的研发进程，数控机床产业成为近几年发展比较迅速的产业之一。

CNC 工程师是指从事数控机床的开发、编程、设计、操作、维护等工作的专业技术人员。其主要工作职责如下：

① 进行 CNC 加工编程及操作，并编写操作指导书，对指导书的适用性和使用版本的有效性负责。

② 负责数控设备工艺程序与设备的调整和刀具的选择。

③ 负责机床使用过程中的故障诊断和维修。

④ 协助生产，提供持续改进的方案，对产品的质量、生产进度、检测进行跟踪，以达到甚至超过质量、产量、成本及生产效率的要求。

⑤ 及时完成数控机床的预防性维护，完成设备维护的日常报表。

在成为 CNC 工程师之前一般需要 CNC 级技工、CNC 级技师、CNC 高级技师的工作经验。

除了 CNC 工程师外，还有数控机床操作人员、数控编程工艺人员、CNC 数控编程人员、数控设备维修人员、数控设备营销人员等相关职业可以选择。

CNC 工程师的操作工具及工作间

在对这些职位有了进一步的了解后，同学们有什么想法呢？从与 CNC 切割相关的职业中，选取一个自己感兴趣的职业进行调查，根据各个学习阶段的特点制定相应的学业规划和职业规划。

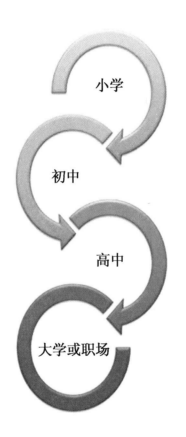

培养对机械世界的兴趣，培养创造力、动手操作能力和解决问题的能力。

掌握扎实专业的理科知识，为进一步探索机械、电子、编程等打好基础，提高人机交互能力。

自我评价与相互评价

评价方法	评价环节	评价内容	评价标准		
			符合	一般	不符合
自我评价	创意设计	能够讲解 CNC 切割的定义。			
		能够运用 123D Design 设计印章。			
	情感体验	能够以积极的态度参与课堂活动。			
		能够完美地展示 3D 打印机打印的印章。			
	职业规划	能够根据个人需要使用 123D Design 建模。			
		能够区分 CNC 切割与激光雕刻。			
相互评价	职业规划	能够充分说明 CNC 切割的使用场合。			

☺ **你对与 CNC 切割相关职业的态度如何？按照自己的想法进行选择。**

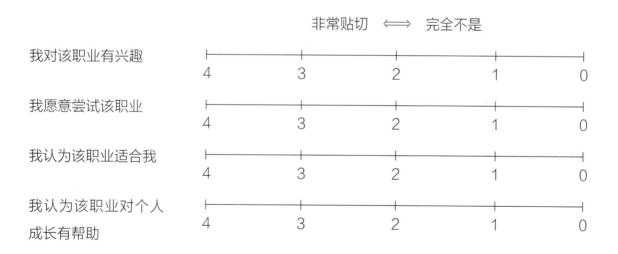

非常贴切 ⟺ 完全不是

	4	3	2	1	0
我对该职业有兴趣					
我愿意尝试该职业					
我认为该职业适合我					
我认为该职业对个人成长有帮助					

>>>>

课程引言

激光雕刻

你知道图片中描述的是什么场景吗？说说你的想法吧！

课程目标

了解激光雕刻的定义、原理、应用、注意事项。

在不同的案例阅读中习得激光雕刻的知识点。

学习激光雕刻的工具，利用 CAD 软件完成图标的激光雕刻。

探索与激光雕刻相关的职业，并规划自己的职业生涯。

树立梦想

场景导入 1 什么是激光雕刻？

激光雕刻是借助激光技术在物体表面雕刻文字或图案的技

术，它不同于打印机，打印是将墨粉喷到纸张上，而激光雕刻是将激光照射到木制品、陶瓷、牛皮纸、金属板等材料之上。

☺ **激光雕刻可以用在哪些领域？**

随着光电子技术的进步与发展，激光雕刻技术越来越成熟，其应用范围也日趋广泛。激光雕刻技术不仅可以应用于广告、工艺、皮革制品，而且在竹木器制作、食品加工、饮料、包装等行业也有所应用。在激光加工领域，激光雕刻技术属最成熟、应用最广泛的技术，未来发展前景非常广阔。

你在生活中见到的使用了激光雕刻的物品有哪些？

激光雕刻的手机壳

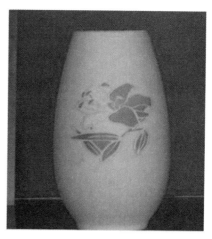

激光雕刻的花瓶

① 除了图片中展示的内容，你认为激光雕刻还可以用在什么地方？

② 想要雕刻上面这些工艺品，你需要准备哪些材料及工具？

场景导入 2　激光雕刻的工作原理

激光雕刻属于激光加工的一种，最初是工业领域的前沿技术。激光雕刻是利用高功率的聚焦激光光束作用在材料表面或内部，使材料发生物理变化，通过控制激光能量、光斑大小、运动轨迹和速度等参量，使材料呈现出要求的图形图案。

☺ **什么是激光防护技术？**

随着激光技术在军事、民用领域的广泛应用，激光防护技术越来越受到人们的重视，激光防护材料的种类日益增多。从防护原理来看，目前的激光防护技术可分为三大类：一是基于线性光学原理的激光防护，它包括吸收型、反射型和吸收／反射复合型；二是基于非线性光学原理的激光防护，它主要利用三阶非线性光学效应，包括非线性吸收、非线性折射、非线性散射和非线性反射；三是基于相变原理的激光防护。

护目镜

想一想

① 激光雕刻的工作原理是什么？
② 不使用护目镜，直视激光雕刻时的激光束，可能对我们有什么伤害？

拓展阅读 1　清华大学首发激光雕刻 3D 打印录取通知书

2018 年 7 月 3 日，清华大学招生办寄出了第一封由清华大学师生共同打造的 2018 新版 3D 录取通知书。打开录取通知书，一个充满科技感的微型 3D "二校门"跃然纸上。

这个 3D "二校门"是怎么做出来的呢？

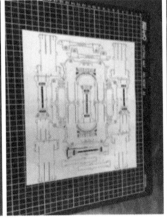

清华大学录取通知书制作过程

清华二校门是清华的标志性建筑，始建于 1909 年，把二校门"3D"到录取通知书，这既传递着历史的端庄与厚重，也承载着新时代的另一番意味：灵感与智慧、青春与未来。

拓展阅读 2　激光打印医药胶囊标识

药品的质量直接关系到患者的健康，因此药制品需要在无尘、无污染的生产车间生产，以确保产品不受外界污染。胶囊在生产过程中，往往需要在壳体上面进行标识，内容大多是品牌名称、胶囊质量、生产日期或有效期等信息。

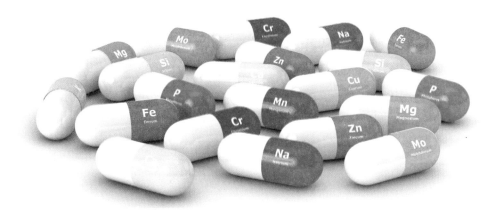

胶囊颗粒药品

在胶囊标识的过程中，为防止壳体熔化烧焦而变形，壳体不能有过多的热量干预。为确保标识精细明了，需要在壳体外面进行精密加工。如何在非金属且空间面积有限的胶囊上标识高质量的内容呢？从激光类型的选择上来看，紫外激光属于冷加工，加工时不会出现升温。使用紫外激光器可直接破坏化学键，其波长也刚好适合胶囊材料的吸收。

① 激光打印胶囊跟传统技术相比有什么好处？
② 激光雕刻时使用的激光束主要有哪几种？

拓展阅读 3　激光雕刻与首饰艺术

随着激光雕刻技术的广泛应用，一些艺术家开始将该技术运用于材料、技术多样化的艺术首饰的创作。例如，英国著名首饰设计师利用激光在各种材料上切割图形，并结合贵金属材料创作首饰；美国艺术家利用激光在亚克力上雕刻各种纹样，创作了系列首饰产品，并在其品牌网站上销售，十分受欢迎。

探索梦想

//////// 创意设计 1　用激光在木板上雕刻日记 ////////

准备物品　木板、计算机、3D 打印机、活动纸、书写工具、橡皮。

Note >>>

• 由于 3D 打印机的工作区域已固定，雕刻内容应选取日记中的一句概括性话语。

• 根据雕刻内容选取大小适合的木板。

• 调整日记在木板上雕刻的位置。

激光雕刻的木板和图片如下。

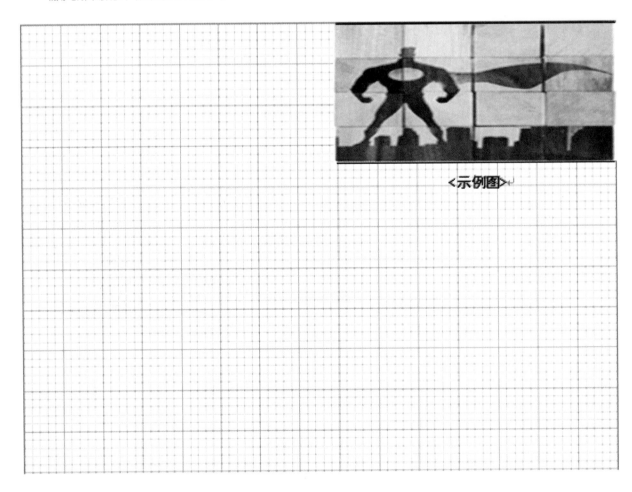

<示例图>

激光雕刻的亚克力手镯

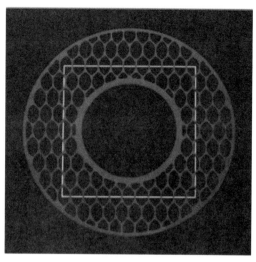

激光切割创作的手环

　　激光雕刻适用的材料多样，批量加工快捷、方便。在技术上，它不仅比手工操作更容易、更迅速、更准确，同时还可以实现手工难以达到的效果，如可以在手工无法雕刻的纤维材料上实现雕刻，或将数字照片或图像雕刻到材料表面。从美学角度看，激光灼烧形成的色泽具有独特的视觉表现力，是极富特色的造型语言。

几何装饰项链

白铜制作的胸针

体验梦想

课堂实践　制作"太极"图案

　　让我们一起了解如何利用 CAD 设计制作一个图案吧！
　　以制作"太极"图案为例，想一想我们需要做哪些准备呢？

【STEP 1】

首先我们需要打开 AotuCAD 软件，点击【开始绘图】。在默认的绘图框图中选择用圆心和半径的方式画一个半径为 50mm 的圆。

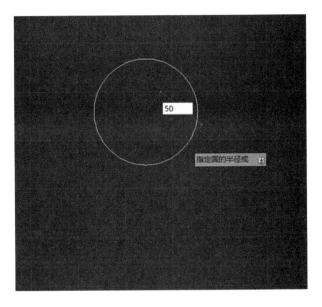

步骤 1-1

步骤 1-2

【STEP 2】

我们需要打开对象捕捉设置，勾选我们要用到的点，分别是圆心、端点、象限点。设置完成以后点击【确定】，打开绘图界面。

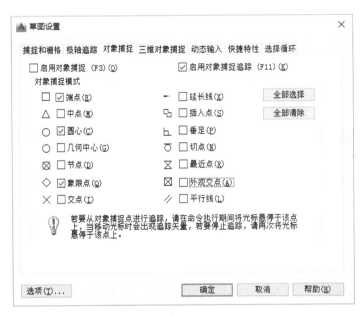

步骤 2

【STEP 3】

现在，在大圆里面，我们需要画两个半径为 25mm 的小圆。利用对象捕捉和圆工具中的两点模式，先捕捉大圆圆心，然后将鼠标移动捕捉到大圆左边的象限点，画出第一个小圆，重复此步骤画出另外一个圆。

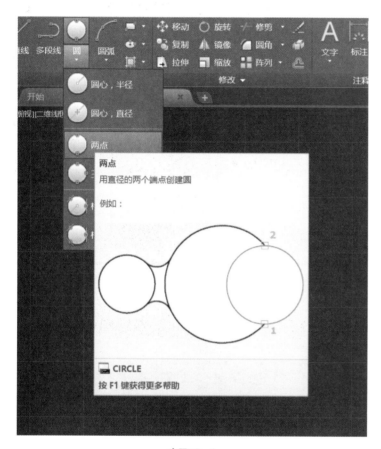

步骤 3-1

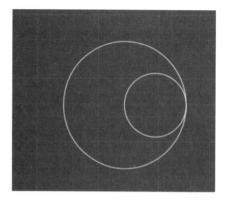

步骤 3-2

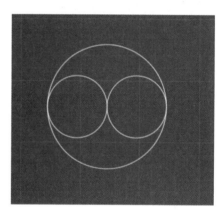

步骤 3-3

【STEP 4】

画好以后三个圆两两相切，我们用 DI 命令测量一下每个圆的直径。两个小圆的直径都是 50mm，大圆的直径为 100mm。

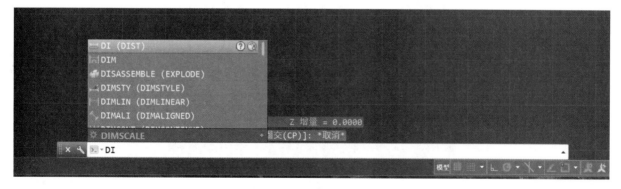

步骤 4

【STEP 5】

接下来我们使用修剪工具。点击修剪工具，单击鼠标右键，然后移动到小圆上按步骤 5-2 进行修剪。

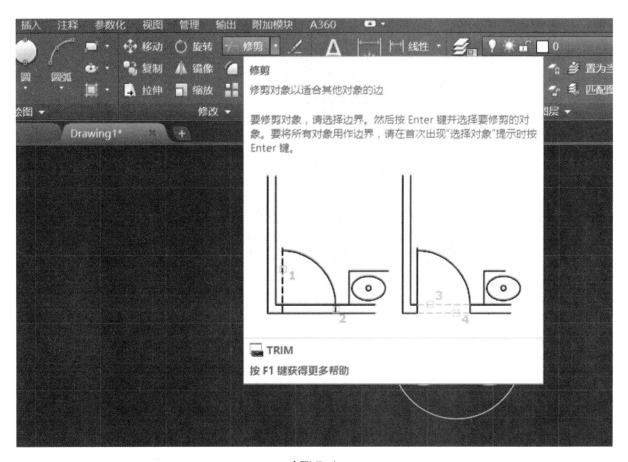

步骤 5-1

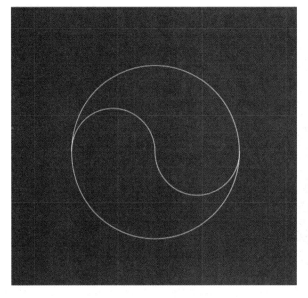

步骤 5-2

【STEP 6】

完成以后找到两个小圆的圆心，再画两个半径为 10mm 的小一点的圆。这样图案轮廓已经出来了。

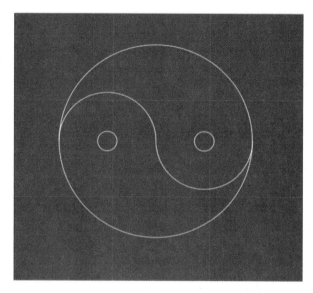

步骤 6

【STEP 7】

下面我们要给轮廓上色，在【视图】中点击工具选项板，然后找到【图案填充】。点击【图案】中的实体填充，然后在要上色的地方单击一下。这里我们选择填充的颜色为白色。

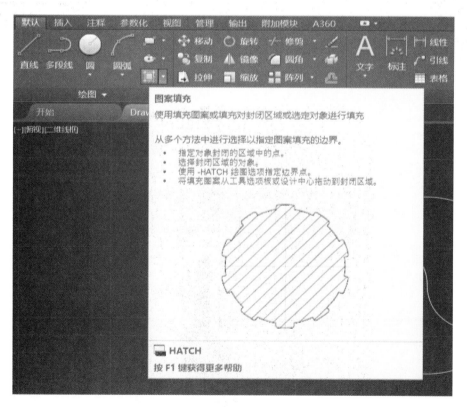

步骤 7-1

步骤 7-2

【STEP 8】

关闭图形栅格，看一下最后的结果，"太极"图案已经全部完成了。这里只填充了白色的圆和大圆白色的一半，另外一半由于背景色是黑灰色，所以就不填充了。也可以在【图案填充】中找出自己喜欢的颜色进行填充。

步骤 8

规划梦想

////// 感悟分享　分享交流设计图案的相关感受 //////////////////

在创意设计环节，同学们使用激光雕刻技术制作图案和日记，在创作过程中遇到了哪些困难，在实践过程中产生了哪些灵感和创意，快来和同学们一起交流，分享一下自己在创作过程中的想法或者感受吧！

☺ 展示一下你的作品吧！

☺ 写下你的作品设计理念吧！

☺ 你在创作过程中遇到了哪些困难？

☺ 你还希望利用激光雕刻技术制作什么物品？

☺ 通过本节课的学习，你掌握了哪些与激光雕刻技术相关的知识？

职业探索　与激光雕刻技术相关的职业

对于激光雕刻技术而言，最重要的是要通过技术的实现解决生活中的问题。在绘制图形的过程中，通常使用 AutoCAD（Computer Aided Design）绘图软件，并将与之相关的技术简称为 CAD 技术。CAD 技术作为一项杰出的工程技术成就，几乎涉及了当今工业社会的方方面面，如土木建筑、城市规划、园林设计、电子电路、机械设计、服装鞋帽、航空航天、轻工化工等诸多领域。在 CAD 技术的应用过程中，人们越来越意识到 CAD 功能的强大，使用 CAD 技术可以提高企业设计效率、优化设计方案、减轻技术人员的劳动强度、缩短设计周期、推进设计标准化的建立。

激光加工领域对人才的需求是非常大的，如优秀的 CAD 设计工程师、激光加工工艺工程师、激光加工应用工程师、激光加工工艺项目经理都是激光加工领域非常紧缺的人才。

CAD 绘制效果图

■ CAD 工程师的就业发展方向

① 制造企业的生产设计部门。

② 研究院、设计院等科研部门。

③ 建筑行业的制图部门。

④ 政府机关。

■ 精密激光加工应用工程师的工作前景

① 开发激光加工应用工艺。

② 根据客户需求和时间节点完成委托制备的样品及工艺开发。

③ 针对公司新型激光器制订并实施完整的测试计划。

④ 客户现场故障排查、工艺指导和应用培训，并撰写项目报告。

■ 激光加工工艺研发工程师的工作前景

① 开展自动化激光加工工艺及方法，并形成相应的技术文档。

② 在激光加工工艺方面，辅助新产品开发及产品升级。

③ 熟悉基于多自由度机器人技术的激光加工装备技术。

④ 进行相关产品自动化激光加工工艺规范和标准的编制，撰写相关项目研发报告。

在对这些职位有了进一步的了解后，同学们有什么想法呢？从与激光雕刻相关的职业中，选取一个自己感兴趣的职业进行调查，根据各个学习阶段的特点制定相应的学业规划和职业规划。

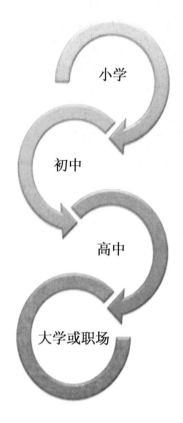

培养对生物和人体的兴趣，培养对数据的敏感性，培养艺术素养和创造力。

培养对 3D 打印机和相关软件的兴趣，开始接触各种软件。

学习 PPT、Word 相关的绘图技巧，巩固艺术修养和设计能力。

根据自己的发展方向，掌握 CAD 技巧，深入了解人机交互界面、三维建模、数据共享和协作，考取 CAD 工程师认证证书。

自我评价与相互评价

评价方法	评价环节	评价内容	评价标准		
			符合	一般	不符合
自我评价	创意设计	能够讲解激光雕刻的定义。			
		能够运用 CAD 绘图软件设计图案。			
	情感体验	能够以积极态度参与课堂活动。			
		能够完美地展示 3D 打印机打印的图案和日记。			
	职业规划	能够根据个人需要使用激光雕刻图案。			
		能够遵守激光雕刻的安全使用守则。			
相互评价	职业规划	能够充分说明激光雕刻的使用场合。			

☺ **你对与激光雕刻相关职业的态度如何？按照自己的想法进行选择。**

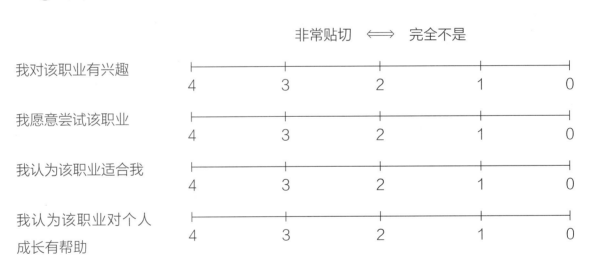

非常贴切 ⟷ 完全不是

我对该职业有兴趣   4   3   2   1   0

我愿意尝试该职业   4   3   2   1   0

我认为该职业适合我   4   3   2   1   0

我认为该职业对个人成长有帮助   4   3   2   1   0